A　　　　　T
　　A
　C　　　　G
T　　　　　　A
A　　　　　　T
C　　　　　　F
G　　　　　　C
A　　　　　　T
　　G　　C
G　　　　　　C
　　　T
　A　　　T
C　　　　　　G
A　　　　　　T
C　　　　　　G
G　　　　　　C
T　　　　　　A
　C　　　　G
G　　　C

À
Q U I
P R O F I T E
(V R A I M E N T)
LA GÉNÉTIQUE ?

C　　　　　　G
G　　　　　　C
T　　　　　　A
　G　　　C
　　T
　C　　　G
A　　　　　　T
G　　　　　　C
C　　　　　　G
A　　　　　　T
G　　　　　　C
　G　　　C
　A　　　T
　　A
C　　　　G
T　　　　　　A
C　　　　　　G
G　　　　　　C
A　　　　　　T
　A　　　T
　T　　　A
　　T
　A　　　T
C　　　　　　G
A　　　　　　T

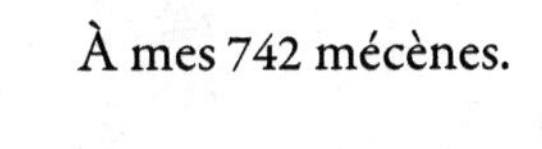
À mes 742 mécènes.

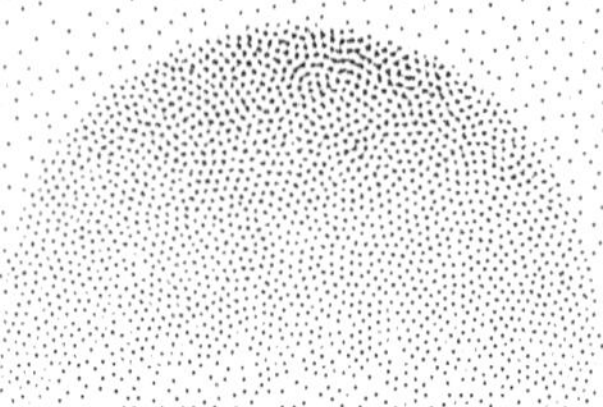

INTRODUCTION

Imaginons que le monde d'aujourd'hui vous semble encore largement perfectible socialement parlant. Que ses inégalités vous révoltent. Qu'en ce début de XXIe siècle, les plus urgentes à éliminer selon vous soient celles touchant encore les femmes, qui évoluent toujours dans un environnement longtemps créé par et pour les hommes.

Dans ce combat contre les inégalités, vous n'êtes bien sûr pas seul·e. Des générations de féministes sont passées avant vous et des progrès certains ont été obtenus, même s'il reste encore du travail et que la concrétisation des changements de mentalité en changements politiques reste lente.

Imaginons maintenant qu'au milieu de ces combats en cours et de ce progrès social chèrement gagné, une science se propose de montrer que les hommes et les femmes[A] sont en moyenne un peu différents au niveau cognitif. Hommes et femmes ne seraient pas aussi performants pour effectuer certaines tâches, pas attirés exactement par les mêmes activités, pas dotés des mêmes goûts et préférences dans différents domaines de la vie. Qui plus est, cette science affirmerait que ces divergences ne trouvent pas seulement leur origine dans des socialisations spécifiques (éducations, cultures différentes) mais dans des histoires évolutives spécifiques. Autrement dit, l'évolution par sélection naturelle aurait abouti à des hommes et des femmes légèrement différents d'un point de vue cognitif, ce qui permettrait d'affirmer que les sexes sont différents « naturellement », au niveau des corps comme nous le savions déjà mais également des comportements. Certains chercheurs auraient d'ailleurs déjà retrouvé quelques-unes de ces différences dans le monde animal et identifié des gènes et zones cérébrales associés.

Si une telle science existait, j'imagine que vous la qualifieriez de catastrophe pour le combat féministe. Montrer que les sexes sont « naturellement » disposés à aimer des choses différentes risquerait de délégitimer les politiques cherchant à atteindre la parité dans tous les domaines de la société. Établir que les hommes sont « naturellement » meilleurs que les femmes dans certaines activités pourrait légitimer des écarts de salaire. Ces résultats seraient également du pain béni pour les conservateurs qui pourraient s'en servir pour justifier le statu quo. Par exemple, si les femmes étaient « naturellement » plus attentionnées, il deviendrait possible de justifier qu'elles et elles seules doivent s'occuper des enfants. Pire, non seulement on ne *devrait* plus toucher aux différences, mais peut-être qu'on

---

A.　Les termes « hommes » et « femmes » ont plusieurs acceptions que je résume en annexe I p. 146, mais les arguments présentés dans ce livre ne dépendent pas de l'adhésion à une définition particulière : choisissez celle que vous préférez !

ne le *pourrait* plus. Après tout, un comportement inscrit dans les gènes n'est-il pas impossible à changer ? Un comportement inné n'est-il pas à l'abri des modifications du social ?

Si une telle science venait à voir le jour, elle constituerait donc une menace importante pour le progrès social. Heureusement que mon exemple est entièrement fictif.

Nous pouvons dire que nous l'avons échappé belle...

Avez-vous déjà ressenti certaines de ces craintes au cours de votre vie ? Ou comprenez-vous au moins d'où elles proviennent ? Si oui, la lecture de ce livre ne devrait pas être du temps perdu, car son objectif premier est précisément de discuter de leur bien-fondé[A]. Vous avez sûrement déjà deviné, au vu de l'épaisseur de cet ouvrage, que je ne vais proposer qu'une introduction au sujet. Je ne saurais ni ne souhaite épuiser le sujet, et serais en réalité ravi que ce livre puisse être offert à des personnes peu familières de ces débats.

Si je vais essayer de vous présenter la diversité des points de vue, sachez que je considère le débat public actuel comme marqué par une forte asymétrie dans la représentation des idées : l'accent est très souvent mis sur les dangers de ces recherches et donner de la visibilité à des idées moins entendues est un de mes objectifs principaux. Remédier à un déséquilibre ne pouvant se faire qu'en poussant dans la direction opposée, je vous procurerai peut-être parfois une impression de partialité. Soyez donc assurés que mon but n'est pas d'asséner des vérités mais de discuter avec vous. Il est probable que cette lecture vous laisse avec plus de questions nouvelles que de réponses, et je crois bien que cette confusion augmentée n'est pas pour me déplaire.

Avant d'attaquer le vif du sujet, un mot sur le « progrès social ». Je me garderai bien d'en proposer une définition précise d'emblée. Il sera bien plus aisé d'en discuter en fin d'ouvrage, une fois passées en revue les nombreuses questions soulevées par les recherches en biologie du comportement. Mais si vous pensez que chaque être humain venant au monde devrait avoir droit à une vie épanouie sans discriminations liées à son sexe, son genre, son âge ou sa couleur de peau, je vous considère progressiste. Je le sais, plusieurs termes devraient être précisés pour que vous puissiez adhérer pleinement à cette définition (épanoui, discrimination...), mais je n'ai rien de mieux à vous proposer pour l'instant. Je compte même sur le flou de cette définition pour ne pas laisser d'emblée trop de monde sur le bord de la route et pour permettre à des humains se considérant de gauche comme de droite de suivre mon propos. Si certaines personnes semblent convaincues que la biologie du comportement humain ne fait le jeu que de certains partis politiques, nous verrons bientôt que cette affirmation est hautement discutable.

« Biologie du comportement humain » : voilà un autre terme qui reviendra souvent et se trouve être plus facile à définir. Que vous évoque cette expression ? Peut-être des souvenirs de cours du lycée sur les hormones

---

A.   Si non, n'en profitez pas pour déjà refermer ce livre, je vais vite revenir sur ces craintes !

affectant nos humeurs. Un article lu dans le journal sur les zones cérébrales s'activant lorsqu'on observe quelqu'un danser. Un documentaire à la télé sur pourquoi nous trouvons certains animaux mignons. Une devanture de kiosque mettant en avant la découverte d'un « gène de l'intelligence »...

La biologie du comportement[B] est un peu tout cela et beaucoup plus encore. En réalité, il ne s'agit pas d'un domaine universitaire bien défini mais d'un ensemble de champs s'intéressant aux bases biologiques des comportements. L'étude des influences hormonales est réalisée en endocrinologie, celle des zones cérébrales en neurosciences, celle des explications évolutionnaires en éthologie, écologie comportementale ou psychologie évolutionnaire, et la recherche de gènes des comportements est l'apanage de la génétique comportementale. Citons encore la génétique des populations, la psychologie cognitive, l'anthropologie physique... Toutes ces disciplines ont des objectifs et méthodologies variés mais peuvent être rangées sous le terme parapluie de « biologie du comportement ». Toutes ont également un autre point commun... celui d'inquiéter politiquement.

B. Seule la biologie du comportement *humain* sera évoquée dans ce livre car l'étude du comportement animal non-humain pose évidemment moins de problèmes politiques. J'emploierai néanmoins souvent le raccourci « biologie du comportement » par commodité. Au passage, je précise que le terme « génétique » présent dans le titre de ce livre est impropre : il ne désigne qu'une toute petite partie des recherches que je vais évoquer. Il ne doit d'avoir volé la vedette à « biologie du comportement humain » qu'à son petit nombre de syllabes, plus adapté pour un titre. Enfin, je profite de cette note pour vous recommander de ne pas négliger la lecture de ces petits caractères de bas de page tout au long de ce livre. Leur placement excentré ne signifie pas une moindre importance : au contraire, leur but est d'apporter de la nuance, rendant ainsi le propos principal, je l'espère, plus convaincant.

1. POURQUOI LA BIOLOGIE DU COMPORTEMENT HUMAIN INQUIÈTE?

Imaginons que je vous dise que l'agressivité est « biologique » ou « génétique ». Imaginons que j'avance que les comportements agressifs ont été sélectionnés au cours de l'évolution et que les humains seraient donc, d'une certaine façon, « naturellement agressifs ». Je vais revenir dans un instant sur ce que j'entends par ce terme « naturellement » mais utilisez pour l'instant le sens qui vous vient à l'esprit. Quelles associations d'idées émergent en vous si je vous dis que les humains seraient « naturellement agressifs » ?

Tout d'abord, peut-être avez-vous l'impression qu'il sera plus dur de se débarrasser de ce fléau : si l'agressivité trouve sa cause dans les gènes, cela semble plus difficile – voire impossible – de s'y opposer. Les personnes agressives devraient alors être tolérées ou enfermées sans même chercher de solutions à leurs problèmes. À l'inverse, si l'agressivité n'était pas génétique mais sociale, cela suggèrerait tout de suite des moyens d'y remédier : nous pourrions éduquer nos enfants de manière différente ou voter de nouvelles lois. L'origine biologique des comportements semble contraindre au pessimisme en politique. La pensée progressiste sur ce sujet est bien résumée par Victor Hugo dans *Les misérables* :

> « Mes amis, retenez ceci, il n'y a ni mauvaises herbes ni mauvais hommes. Il n'y a que de mauvais cultivateurs[1]. »

Dans le débat universitaire moderne, cette croyance en des comportements génétiques impossibles à changer est souvent qualifiée de « déterministe ». Voilà comment trois célèbres critiques de la biologie du comportement, Richard Lewontin, Steven Rose et Leon Kamin, expriment leurs préoccupations :

> « Le déterminisme biologique est, par conséquent, une explication réductionniste de la vie humaine dans laquelle les flèches de la causalité vont des gènes vers les humains et des humains vers l'humanité. Mais ceci est plus qu'une simple explication : c'est de la politique. Car si l'organisation sociale humaine, incluant les inégalités de statut, de richesse et de pouvoir, est une conséquence directe de nos biologies, alors, à moins de mettre en place un gigantesque programme d'ingénierie génétique, aucune pratique ne pourra altérer de manière significative la structure sociale [...]. Ce que nous sommes est naturel et par conséquent fixé. On peut bien se battre, passer des lois et même faire des révolutions, on fera tout cela en vain[2]. »

Affirmer le caractère naturel de l'agressivité fait généralement surgir une deuxième crainte : qu'il ne soit pas *souhaitable* de s'en débarrasser (et pas seulement impossible). Après tout, ne nous a-t-on pas répété depuis toujours que « ce qui est naturel est bon » ? Cela ne nous retombe-t-il pas dessus chaque fois que nous essayons de nous opposer à la Nature ? Les stoïciens et Descartes ne nous ont-ils pas appris qu'il valait mieux changer ses désirs plutôt que l'ordre du monde ?

Enfin, reconnaître à l'agressivité une origine biologique fait craindre que cela pousse certains à se déresponsabiliser. Un criminel pourrait se justifier par un « c'est pas ma faute c'est la faute à mes gènes », et ce serait le début d'un chaos sociétal monumental, plus personne ne pouvant être tenu pour responsable de quoi que ce soit.

À elles trois, ces craintes expliquent une grande partie des réserves face à la biologie du comportement. Avancer qu'un comportement est biologique fait craindre qu'on ne *pourrait* plus s'en débarrasser, qu'il ne *faudrait* plus s'en débarrasser, et que certains puissent se retrancher derrière cette excuse pour se déresponsabiliser[3-6]. Voilà pourquoi la biologie du comportement inquiète. Les progressistes veulent changer le monde, mais ce projet semble mort-né si l'organisation actuelle du monde est liée à notre biologie, à nos neurones ou à nos gènes.

Même si une partie importante de ce livre va être consacrée à la températion de ces craintes, il est important de comprendre qu'elles ne sortent pas de nulle part et ne sont sûrement pas à moquer. Un coup d'œil en arrière suffit à se rendre compte que l'excuse de la « différence naturelle » n'a pas cessé d'être utilisée pour justifier des discriminations par le passé. Les femmes furent particulièrement souvent les victimes de cette stratégie argumentative[7-9]. Aristote pensait que les femmes sont par nature moins rationnelles que les hommes, et écrit que « le mâle est par nature supérieur, la femelle inférieur, celui-là est fait pour commander, celle-là pour obéir »[10-12]. Parce que les femmes ont en moyenne moins de force physique que les hommes, qu'elles sont en moyenne plus petites ou ont des organes génitaux moins visibles, on les présente comme des hommes non terminés dont le développement aurait été interrompu prématurément[13]. Au XIXe siècle, leur supposée moindre intelligence est expliquée par la plus petite taille de leur cerveau ou, au choix, par la quantité de nourriture ingurgitée : parce qu'elles ont moins d'appétit que les hommes, elles seraient moins capables de « convertir la nourriture en pensée »[9]. Au même siècle, certains refusent de leur donner une éducation au prétexte que l'énergie dévouée aux études empêcherait leur système reproducteur de bien fonctionner.

Il n'y a donc aucun doute là-dessus : historiquement, la nature n'a jamais cessé d'être instrumentalisée à des fins politiques[A]. Dès lors, comment ne pas se méfier des recherches actuelles en biologie du comportement ?

La médecine montre que le cerveau des femmes est en moyenne plus petit que celui des hommes ? Les neurosciences, que certaines de leurs zones cérébrales sont connectées différemment ? Et s'il s'agissait d'une nouvelle tentative pour montrer que les femmes sont moins intelligentes ?

La psychologie montre que les femmes n'aiment pas exactement les mêmes activités que les hommes, n'ont pas exactement les mêmes performances dans tous les domaines cognitifs ? Et s'il s'agissait d'un stratagème pour s'opposer à la parité et justifier la mise à l'écart des femmes de certains métiers ?

L'éthologie montre que certaines femelles primates sont plus attirées que les mâles par les nouveaux-nés et les jouets ressemblant à des poupées ? L'endocrinologie découvre que certaines hormones liées à l'empathie sont en concentration plus grande chez les femmes ? Et s'il s'agissait d'une manœuvre habile pour justifier que seules les femmes doivent s'occuper des enfants ?

La liste pourrait encore être longue. Voilà pourquoi la biologie du comportement dérange : *toute explication biologique est suspectée de servir de justification à un certain ordre social.*

Les sous-disciplines de la biologie enracinant leurs travaux dans la théorie de l'évolution s'attirent souvent des foudres supplémentaires, pour deux raisons principales. D'abord, elles s'attardent souvent sur les différences hommes-femmes *en matière de sexualité*. Les hommes et les femmes cherchent-ils exactement les mêmes caractéristiques chez un partenaire sexuel ? Ont-il des fréquences préférées de rapports sexuels différentes ? D'un point de vue purement scientifique, cette insistance sur le sexe et la reproduction se justifie : ce sont des sujets centraux en évolution. Si vous avez la chance d'ouvrir un jour un livre d'évolution appliquée au comportement animal *non-humain*[B], vous vous rendrez compte que ce sujet occupe un grand nombre de pages. Les chercheurs disposent de théories bien ficelées[15-18] et c'est donc tout naturellement qu'ils les ont appliquées à l'espèce humaine (rappelons-le si besoin, animale elle aussi). Ce faisant, un certain nombre de différences femmes-hommes ont été découvertes. Pour ne vous donner qu'un exemple, il semblerait que les hommes aient

---

A. Que ma sélection d'exemples historiques ne vous fasse pas conclure que ces instrumentalisations sont aujourd'hui terminées : elles ne le sont pas.

B. Ce que je vous souhaite, c'est passionnant ! Tenez en voilà un :[14].

« naturellement » tendance, dans toutes les cultures du monde, à désirer une plus grande variété de partenaires sexuels que les femmes[18-21].

Problème : la sexualité n'est pas un sujet anodin. Beaucoup de théories féministes font même de son contrôle le but premier du patriarcat. Et en effet, comment considérer l'infibulation, l'excision, les mariages forcés, l'enfermement du corps des femmes derrière des murs ou des vêtements ou la punition de leur adultère spécifiquement, autrement que comme des moyens de contrôle de leur sexualité ? Dans ces conditions, peu surprenant que l'accueil réservé à une science affirmant l'intérêt moindre des femmes pour une grande diversité de partenaires sexuels soit aussi chaleureux que celui d'un vendeur de hot dogs au salon du véganisme. Cette science sera immédiatement suspectée d'être une énième tentative de contrôler la sexualité des femmes sur la base de différences naturelles fantasmées.

Les sciences évolutionnaires agacent également pour leur tendance à attribuer des « bonnes raisons d'être » aux traits[C] des êtres vivants. Par exemple, les biologistes insistent souvent sur l'existence de fonctions dans la nature : l'œil *sert* à voir, les poumons *servent* à respirer, l'estomac *sert* à digérer. Or l'existence de fonctions semble suggérer un ordre naturel où chaque trait viendrait jouer un rôle dans un grand plan décidé par avance. Cette interprétation est erronée : les traits des êtres vivants apparus par sélection naturelle n'ont pas évolué *dans un certain but* mais *parce qu'*ils procuraient des avantages de survie ou de reproduction. Les fonctions apparaissent par hasard et sont conservées ensuite lorsqu'elles sont utiles. S'il n'est pas faux de parler de la « raison d'être » de certains traits, c'est uniquement pour insister sur la raison de leur conservation au cours du temps, pas pour affirmer qu'ils seraient venus satisfaire un grand plan établi par avance. La nuance est cruciale mais subtile et beaucoup passent à côté : pour ceux-là, la biologie continuera de suggérer l'existence d'un ordre naturel, pouvant faire le jeu de politiques conservatrices.

Les « raisons d'être » s'appliquent également aux psychologies des hommes et des femmes, qui ont pu être façonnées différemment au cours de l'évolution. L'hypothèse est en réalité peu téméraire car les sexes n'ayant pas été confrontés exactement aux mêmes problèmes de survie et de reproduction, il serait très surprenant qu'ils aient hérité de psychologies parfaitement identiques. Lorsque des différences sont trouvées, il devient donc possible d'affirmer qu'elles existent pour de « bonnes raisons », et même si l'on sous-entend de bonnes raisons *évolutionnaires* uni-

---

C. En biologie, un trait désigne toute caractéristique d'un être vivant, qu'elle soit anatomique, physiologique, psychologique, comportementale...

quement, les risques de malentendus ou de déformations malveillantes sont nombreux.

En distribuant des raisons d'être, les sciences évolutionnaires donnent également parfois l'impression de justifier des stéréotypes. Par exemple, lorsque j'ai évoqué la possibilité que les hommes puissent « naturellement » préférer une plus grande diversité de partenaires sexuels, certains d'entre vous ont dû rejeter purement et simplement l'existence d'une différence à ce sujet, quand d'autres ont dû remettre en cause son caractère naturel. Si jamais les femmes étaient effectivement moins demandeuses, ce pourrait être parce que la société les pousse à la modération et les culpabilise depuis leur plus tendre enfance, au contraire des hommes dont la frivolité est perçue positivement comme la manifestation d'une nature de « Don Juan ». Dans les deux cas, mon affirmation vous aura paru relayer un stéréotype.

Et vous n'auriez probablement pas tort de penser que le social a une part de responsabilité dans l'établissement de cette différence (qui existe bien [18,19,21,22]). Néanmoins, les explications sociales peuvent tout à fait coexister avec des explications biologiques (voir section 2.2). En plus d'être influencées par la société, les femmes pourraient également avoir des préférences naturelles[A] différentes de celles des hommes. Dans ce cas, on ne pourrait plus tellement les qualifier de stéréotypes ! Voilà tout l'enjeu de ces recherches : elles pourraient remettre en question le caractère faux de certains stéréotypes, ou tout du moins obliger à admettre qu'ils possèdent « un fond de vrai ». En étudiant la possibilité d'origines biologiques aux comportements, la biologie peut donner l'impression de vouloir justifier ce que d'autres considèrent comme des stéréotypes à combattre absolument.

Idem pour les préférences pour certaines activités. Lorsque vous affirmez que les femmes sont moins attirées par les sciences que par les lettres, rien de très problématique pour les milieux militants jusqu'ici. Il est en effet possible de supposer que cette particularité vient de la socialisation : d'une idée répandue mais fausse sur le mauvais niveau des femmes en maths, du manque de mise en avant de femmes scientifiques célèbres pouvant inspirer les jeunes filles, du sexisme conscient ou inconscient des formations scientifiques remplies d'hommes[B]. Ces explications sociales

---

A.   Je reprécise que je reviens dans un instant sur ce que j'entends par « naturelles », merci pour votre patience !

B.   Remarquons tout de même que les femmes ne sont pas sous-représentées dans *tous* les domaines des sciences. Ce point est très important et nous reviendrons dessus en section 3.9.

sont à nouveau probablement valides mais n'excluent pas l'existence de mécanismes biologiques enracinés dans notre histoire évolutive. Si ces derniers s'avéraient, ils reviendraient une nouvelle fois à « confirmer des stéréotypes » sur ce que préfèrent les hommes et les femmes.

J'évoquerai souvent le sujet des différences hommes-femmes dans ce livre car il est un point de crispation majeur à l'heure où j'écris ces lignes, dans le prolongement de la dernière vague de féminisme des années 2010. Néanmoins, la biologie du comportement n'est pas seulement dans le collimateur des milieux féministes, loin de là. Évoquons donc les autres contentieux.

Nous avons vu que les approches évolutionnaires se demandent parfois si certains comportements n'auraient pas évolué pour de « bonnes raisons » (parce qu'ils augmentaient les chances de survie et de reproduction de nos ancêtres). Se poser cette question est peu controversé pour un grand nombre de comportements mais l'est pour d'autres comme le racisme ou la xénophobie. Les comportements racistes auraient-ils pu permettre de favoriser les membres de son propre groupe au détriment de ceux des autres ? Si oui, il serait à nouveau possible de conclure que, dans un sens et avec des guillemets, « le racisme existe pour de bonnes raisons ». Ai-je réellement besoin d'expliciter la sensibilité politique d'une telle affirmation ?

De plus, les mécanismes cognitifs produisant ces comportements sont souvent supposés universels. Si tous les humains possèdent les mêmes organes dans le corps, il n'y a pas de raison qu'ils possèdent des mécanismes psychologiques différents dans le cerveau (qui n'est, rappelons-le en passant, qu'un morceau de corps). Ainsi, si des mécanismes psychologiques prédisposant au racisme existaient, ils seraient universels, présents dans votre tête comme dans la mienne !

Ne refermez pas tout de suite ce livre de dégoût. Je précise que non seulement l'existence de tels mécanismes n'est pas prouvée, mais qu'elle ne nous condamnerait pas en pratique : comme nous allons le voir bientôt, nos programmes cognitifs ont toujours besoin d'un certain environnement[C] pour bien fonctionner, sur lequel il est possible d'agir. Néanmoins, l'hypothèse que l'on puisse tous avoir dans un coin de nos têtes des mécanismes nous prédisposant à des comportements racistes est bien envisagée,

---

C. Le mot « environnement » ne désigne pas pour moi « la nature, les rivières et les petits papillons » comme dans le langage courant mais « tout ce qui n'est pas génétique ». En particulier, l'éducation, la culture et l'environnement social d'un humain tout au long de sa vie sont pour moi de l'environnement. Gardez ce sens en tête tout au long de ce livre.

et il est facile de comprendre pourquoi elle peut en terrifier (moi y compris parfois). Lorsque l'on est guidé par la recherche de « ce qui augmente les chances de survie », on en arrive à considérer des hypothèses qui font froid dans le dos.

En parlant de frissons, comment ne pas mentionner les recherches de « gènes des comportements ». Dans les années 1960-1970, la science a commencé à avoir les moyens de déterminer si les différences de comportements au sein d'une population étaient plutôt dues aux différences génétiques ou aux différences d'environnement. Assez rapidement, les premières conclusions sont tombées : l'environnement ne semble pas pouvoir expliquer à lui seul toutes les différences observées.

Jusque-là, rien de trop dérangeant. Mais deux ingrédients supplémentaires suffisent à mettre le feu aux poudres. Tout d'abord, choisissez l'intelligence comme comportement d'intérêt. Ensuite, demandez-vous si des différences génétiques pourraient expliquer non seulement les différences d'intelligence *au sein* des populations européennes ou états-uniennes (les seules étudiées jusqu'alors) mais également *entre* populations humaines. Si les différences d'intelligence entre européens sont en partie dues à des gènes, n'est-il pas probable que les différences d'intelligence entre populations soient également dues à des gènes ? Telle est la question que certains chercheurs ont commencé à se poser, entraînant dans leur sillage des militants d'extrême droite alléchés par la possibilité de ressusciter les débats sur l'existence de races humaines, et la supériorité naturelle de l'une d'entre elles.

Plusieurs raisons expliquent pourquoi il n'est pas possible de sauter de conclusions obtenues à l'intérieur d'une population à des conclusions sur des populations différentes, mais les détailler nous éloignerait trop du sujet. Les concepts d' « intelligence » et celui, associé, de quotient intellectuel sont également critiquables car ils mettent l'accent sur certaines capacités mentales au détriment d'autres, un choix toujours en partie « politique » (ou socialement construit *a mimina*). Nous reviendrons sur ce sujet en section 2.1, mais inutile de le développer ici pour comprendre pourquoi ces recherches sont controversées. Leur récupération par des mouvements racistes et suprémacistes n'a pas cessé depuis les années 1970, d'autant que le progrès scientifique nous a permis depuis de séquencer l'ADN de millions d'humains, levant nos derniers doutes sur l'existence de différences génétiques entre populations (même si leur taille ou leur signification peuvent toujours être discutées, et si l'existence de différences entre populations est loin de constituer une catastrophe pour le progrès social, voir sections 2.1 et 3.4).

Enfin, la biologie du comportement inquiète pour une dernière raison : ses connexions avec les heures les plus sombres de l'humanité au XXᵉ siècle, spencérisme[A], eugénisme et nazisme en tête. Évoquons rapidement ces trois doctrines.

Le spencérisme se basait sur l'idée que laisser faire la nature mènerait au progrès social. Pourquoi ? Parce qu'à la fin du XIXᵉ siècle, la sélection naturelle est interprétée par beaucoup comme la théorie permettant d'expliquer le progrès dans la nature[24]. Cette notion de progrès a été abandonnée aujourd'hui en biologie de l'évolution mais il est facile de comprendre sa popularité antérieure : c'est la sélection naturelle qui permet d'expliquer l'existence de merveilles d'ingénierie dans la nature telles que l'œil, le cœur, les pattes du gecko ou l'écholocation de la chauve-souris [et insérez ici n'importe quelle capacité du vivant qui vous émerveille]. Or la sélection naturelle a la particularité d'être violente : elle élimine les faibles et ne conserve que les forts. Du moins c'est ainsi que la présentaient Spencer et d'autres, car cette notion de « faibles » et de « forts » est également proscrite aujourd'hui en biologie de l'évolution, où on lui préfère la notion de « plus ou moins adapté ». Néanmoins, la sélection naturelle est encore souvent résumée comme la « loi du plus fort », et si celle-ci mène au progrès, il devient tentant de prôner le laisser-faire[25]. Voilà tout le programme social du spencérisme : laisser la nature faire son travail, même si celui-ci est violent, et ne surtout pas intervenir pour aider les malheureux. *No pain no gain* (« pas de progrès sans douleur »), la violence de la nature serait un mal nécessaire pour atteindre un bien-être social plus important. Comme l'écrit Herbert Spencer en 1851 :

> « La pauvreté des incapables, la détresse des imprudents, le dénuement des paresseux, cet écrasement des faibles par les forts, qui laisse un si grand nombre dans les bas-fonds et la misère, sont les décrets d'une bienveillance immense et prévoyante[26]. »

Cette loi du plus fort érigée en loi naturelle séduit également dans les milieux capitalistes de l'époque pour sa capacité à justifier le dépérissement des petites entreprises au profit des grosses.

Enfin, si le concept de « survie du plus fort » a disparu des manuels de biologie de l'évolution, le livre de vulgarisation de ce domaine le plus

---

A.   Plus connu sous le nom de « darwinisme social », mais Darwin n'ayant rien à voir avec cette doctrine qu'il a au contraire combattue, je préférerai comme d'autres avant moi le mot « spencérisme », du nom du philosophe et sociologue Herbert Spencer l'ayant promu[23].

célèbre s'appelle toujours *Le gène égoïste*[27]. Simple métaphore ou vérité plus profonde, la question est ouverte, mais il est certain que ce titre ne fera pas sauter de joie ceux qui militent pour l'avènement de sociétés moins individualistes. L'égoïsme inscrit dans nos gènes, au plus profond de nos cellules ? Quelle idée repoussante ! Comme tout à l'heure avec le déterminisme génétique, rien d'étonnant à ce que certains la considèrent comme un programme politique tout autant qu'une affirmation scientifique.

L'eugénisme de son côté reprend les concepts du spencérisme et les pousse un peu plus loin : si la nature mène au progrès, pourquoi ne pas lui donner un petit coup de pouce plutôt que simplement la laisser faire ? Pourquoi ne pas éliminer *activement* les plus faibles et les indésirables socialement ? Résultat de ce programme politique : discriminations, ségrégation et campagnes de stérilisation massive dans les années 1920–1930[28]. Handicapés mentaux, aveugles, sourds et autres personnes considérées « socialement défaillantes » furent stérilisées pour éviter la transmission de leurs handicaps. Et n'imaginez pas que tout cela se soit passé dans de lointaines dictatures[A] ! Des pays aussi « démocratiques » que les États-Unis, la Suède, le Canada ou la Grande-Bretagne s'y sont adonnés, même si le paroxysme de ce mouvement sera évidemment l'Allemagne nazie, qui justifiera l'extermination de certaines populations par des principes inspirés de l'eugénisme.

Voilà qui achève « en beauté » notre petit tour des origines de l'animosité générée par la biologie du comportement. En résumé, ces recherches inquiètent car :
- elles semblent remettre en question la possibilité de changer facilement les comportements indésirables ;
- elles offrent des arguments faciles pour justifier l'immobilisme et l'inaction politique ;
- elles procurent des excuses pour se déresponsabiliser ;
- elles prétendent (ou étudient la possibilité) que les hommes et les femmes n'auraient pas exactement les mêmes performances ou préférences psychologiques, notamment en matière de sexualité ;
- elles envisagent que des stéréotypes combattus depuis des dizaines d'années puissent avoir « un fond de vrai » ;
- elles mettent en évidence des différences génétiques entre populations humaines, ressuscitant sans cesse les débats sur l'existence de races ;
- elles postulent que les humains pourraient être naturellement prédisposés à être agressifs, racistes ou xénophobes ;

A. Ni que de nouveaux projets eugénistes n'aient pas vu le jour localement depuis les années 1930.

– elles sont liées aux pires tragédies humaines et morales du XXe siècle ;
– elles sont encore aujourd'hui récupérées par des mouvements racistes, antiféministes et suprémacistes blancs pour ralentir le progrès social.

Difficile de rester de marbre à la lecture de cette liste, pas vrai ? Et je ne vous en voudrais pas si vous trouviez maintenant la biologie du comportement répugnante, ennemie du progrès social, à combattre par tous les moyens. Ce serait même tout à fait normal.

« Quel imbécile », vous devez penser, « ce type était censé prendre la défense de cette discipline mais tout ce qu'il a réussi à faire, c'est achever de me convaincre qu'elle était le mal incarné. »

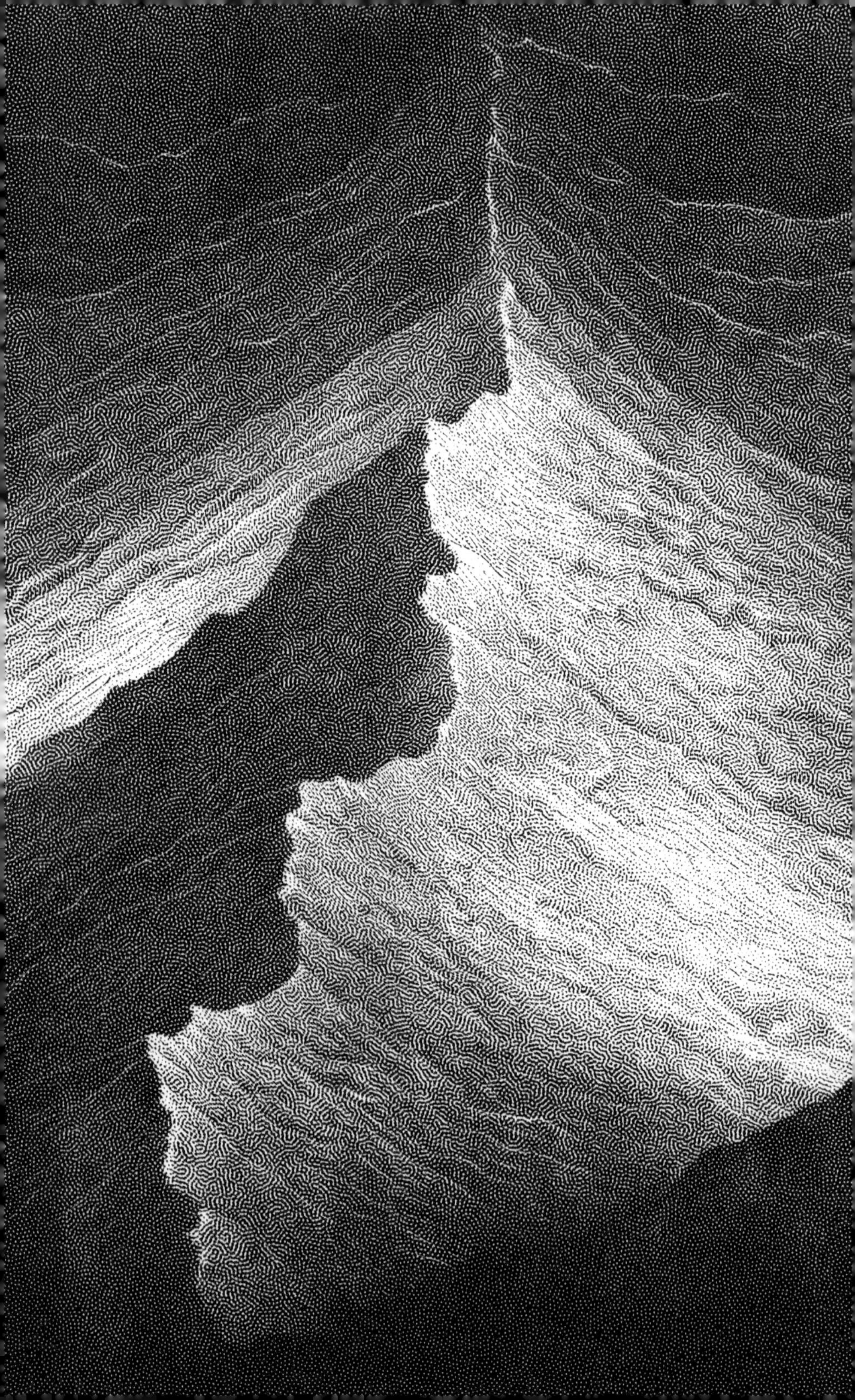

2. DES RECHERCHES SI DANGEREUSES QUE ÇA ?

Face aux potentielles conséquences néfastes de ces recherches, deux stratégies argumentatives peuvent être adoptées.

La première est de faire remarquer que la science n'a pas pour but d'avoir des effets bénéfiques mais simplement de nous faire comprendre le monde. Vu sous cet angle, nous pourrions donc nous désintéresser des calculs de conséquences et continuer à étudier l'univers comme si de rien n'était. Ce point de vue peut sembler inconscient mais n'est pas complètement insensé, je reviendrai dessus en fin de livre. Néanmoins, je ne crois pas qu'il soit le plus répandu à l'heure actuelle parmi les chercheurs de ces domaines. La plupart sont réellement préoccupés par les conséquences de leurs travaux et les questions éthiques sont régulièrement abordées dans les journaux scientifiques[29,30]. Néanmoins, ces chercheurs font souvent remarquer qu'il est très peu aisé d'évaluer précisément ces conséquences. Non seulement les impacts négatifs sont souvent exagérés et basés sur des malentendus, mais les conséquences bénéfiques sont quasi-systématiquement passées sous silence. Au final, il ne s'agit pas tant de nier les possibles conséquences néfastes de ces recherches que de leur offrir un procès juste.

2.1. L'ÉGALITÉ EN DROITS NE REPOSE PAS SUR L'ABSENCE DE DIFFÉRENCES

« Le sexisme n'a pas de sens parce que les cerveaux des hommes et des femmes sont les mêmes. »

« Le racisme n'a pas de sens parce que la science a montré que la notion de race humaine est dépassée. »

Ces affirmations vous sont familières ? Ce ne serait pas étonnant car on les retrouve souvent dans le discours public. Elles ont en commun de faire reposer la lutte contre les discriminations sur une absence de différences : les cerveaux des hommes et des femmes ne différeraient pas ou très peu, les populations humaines non plus. Cette stratégie argumentative est à première vue sensée : puisque les discriminations se basent toujours sur des différences, nier ou minimiser ces dernières paraît un excellent moyen de lutter contre. Néanmoins, de nombreux chercheurs ont alerté sur la dangerosité de cette approche, pour différentes raisons.

Tout d'abord, s'il est toujours possible de minimiser les différences, il ne sera jamais possible de les nier complètement. La variation est un principe fondamental du vivant et l'humain n'y fait pas exception. Vous qui lisez ce livre êtes différent·e de moi, à tous les niveaux : génétique, physiologique, neurologique et comportemental. Mais votre frère ou votre sœur est également différent·e de vous. Même s'il s'agit d'un jumeau ! En fait, il est même possible d'affirmer que vous êtes différent·e... de vous-même ! Vous n'êtes pas le même humain que vous étiez il y a une minute ni que vous serez dans trente ans, parce que votre corps (et vos circuits neuronaux) se transforment en permanence. Baser l'égalité en droits sur l'identité biologique nécessiterait de donner des droits différents à votre vous d'aujourd'hui et votre vous de demain. Faire reposer la lutte contre les discriminations sur l'absence de différences est donc vain : la variation caractérisera toujours les humains.

Ensuite, les affirmations de différences sont hautement subjectives. *Deux humains pris au hasard présentent toujours simultanément une infinité de différences et de points communs*, en fonction des points de comparaison utilisés. Toute conclusion finale sur leur ressemblance ou dissimilarité dépendra donc de ces critères choisis. C'est en grande partie pour cette raison que les débats sur l'existence de races humaines n'ont toujours pas disparu (et ne disparaîtront probablement jamais) alors que des scientifiques répètent depuis des décennies que ces catégories leur paraissent désuètes. Comme chacun peut se faire sa propre définition d'une race, couper la tête de l'une ne fait pas disparaître les autres insistant sur des critères légèrement différents (l'intelligence plutôt que la couleur de peau, le tempérament plutôt que la force physique, etc). S'il est courant d'entendre que la science a rejeté *le* concept de race, ce n'est pas tout à fait exact : elle en a seulement rejeté *certains*. Voilà également pourquoi la race est souvent qualifiée de « construction sociale » : non qu'il soit impossible de catégoriser les humains suivant des critères biologiques quantifiables, mais le choix de ces critères restera toujours arbitraire et dépendant de facteurs sociaux[A].

Idem pour les différences femmes-hommes. Dans la littérature scientifique coexistent des études insistant à la fois sur la similarité et la dissimilarité des cerveaux des sexes[31]. La raison est simple : ces études ne mesurent pas exactement les mêmes variables ou n'ont pas fait les mêmes choix méthodologiques. Par exemple, certaines ont montré qu'il était impossible de distinguer les cerveaux sur la base de régions prises séparément (une fois prise en compte la plus petite taille moyenne globale des cerveaux féminins qui, elle, est une réalité indéniable). Mais pourquoi devrait-on se restreindre à étudier les régions cérébrales indépendamment les unes des autres plutôt que collectivement ? Qui a décidé qu'il s'agissait d'un critère nécessaire ou important ? Il s'agit d'un choix méthodologique pouvant toujours être remis en question, d'autant plus que dans la vie de tous les jours nous interagissons avec des humains *dans leur ensemble*. Par exemple, pour reconnaître si un visage appartient à un homme ou une femme, notre cerveau se base sur une multitude d'informations. Essayez de déterminer le sexe d'un visage sur la base d'un seul de ses éléments, comme le nez : il s'agit d'une tâche particulièrement ardue (figure 1, figure 2) !

A.   L'Histoire a par ailleurs montré une certaine propension au choix de critères permettant de marginaliser des populations que l'on souhaitait exploiter sur le moment. Autrement dit, la race a souvent servi d'excuse pour justifier l'asservissement des peuples, autre raison expliquant la méfiance de beaucoup à l'égard de ce concept.

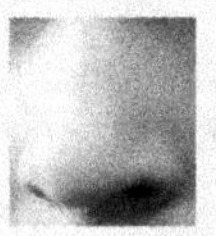

Figure 1.	À quel sexe appartient ce nez ?

Certains chercheurs proposent donc que les cerveaux des hommes et des femmes soient impossibles à distinguer en se focalisant sur certains aspects précis mais très reconnaissables en les regroupant. Au niveau des comportements et de la psychologie, la même chose se produit probablement : lorsque nous affirmons que « les hommes et les femmes sont différents », nous avons évidemment effectué ce constat sur la base de l'observation de pensées et de comportements *pris dans leur ensemble*, pas séparément.

Il ne s'agit que d'un exemple parmi tant d'autres de désaccords méthodologiques possibles entre chercheurs, et que j'ai choisi volontairement simple pour la clarté de l'exposé. En réalité, les chercheurs ont compris depuis longtemps qu'il était important d'étudier différents critères en même temps, mais cela ne fait pas disparaître les disputes méthodologiques pour autant : combien de critères exactement ? Lesquels ? Faut-il diviser le cerveau en une poignée de zones grossières ou adopter une granularité plus fine ? Faut-il se concentrer sur le niveau macroscopique (différences de volume, de surface…) ou microscopique (neurotransmetteurs, synapses…) ? Voilà pourquoi on trouve des désaccords sur ces sujets dans la littérature scientifique : il n'existe aucune liste de critères objectifs pour déterminer si deux cerveaux, visages, humains ou êtres vivants sont différents[A] !

De plus, même en imaginant s'accorder sur des critères, resterait à décider ce qui constitue une différence *importante* ou pas. À nouveau, il n'existe aucune règle objective pour décider de cela : certains pourront qualifier d'importante une différence que vous trouvez minime. Les scientifiques possèdent bien quelques conventions (appelées « tailles d'effet ») pour décider si un résultat est digne d'intérêt ou non mais il ne s'agit que de cela : de conventions.

Il est ainsi courant de minimiser les différences psychologiques hommes-femmes en insistant sur le recouvrement de leurs distributions (le fait qu'il est extrêmement rare que *tous* les hommes soient au-dessus ou en-dessous de *toutes* les femmes pour un certain trait). Néanmoins, ce recouvrement est limité pour certaines capacités (selon les conventions mentionnées précédemment, des différences importantes ont déjà été trouvées[18,32]), mais surtout, un recouvrement important ne signifie pas que les différences restantes sont sans conséquence. Par exemple, même si les hommes ne sont qu'un tout petit peu plus agressifs que les femmes

A.   Et bien entendu, pour éviter les désaccords il est également nécessaire de s'entendre sur la définition d'un sexe (annexe I p. 146), mais ce n'est pas le point qui pose généralement le plus problème aux scientifiques.

Figure 2.   À une femme bien sûr enfin (et plus précisément, à Marie Curie : l'ajout de suffisamment d'éléments permet même d'identifier un individu précis et plus seulement un sexe) !

en moyenne (que les distributions de leurs agressivités se recouvrent en grande partie), cette faible différence pourrait suffire à expliquer pourquoi nos prisons en sont remplies majoritairement[33].

Ajoutez une pincée de piment à votre soupe et vous aurez la bouche en feu ; pourtant, sa composition aura très peu changé. De la même façon que la quasi-similarité chimique de deux soupes n'implique pas que leur ressenti psychologique sera le même, la quasi-similarité de deux cerveaux (ou de deux psychologies) n'implique pas l'inexistence de différences de comportements. De petites différences cérébrales peuvent engendrer de fortes différences psychologiques, et d'encore plus fortes différences comportementales[A].

Enfonçons le clou sur la subjectivité des différences en évoquant l'extrême similarité génétique entre humains, souvent utilisée pour lutter contre le racisme. Deux humains pris au hasard sur la planète sont similaires génétiquement à 99,9 %. Impressionnant non ? Mais 99,9 % de similarité, savez-vous combien cela laisse de différences dans la séquence d'ADN ? Trois millions ! Notre ADN est tellement long que même un petit pourcentage de variations représente un grand nombre *absolu* de différences. Et toujours aucune règle pour déterminer sur lequel de ces deux nombres insister. Ceux pour qui le choix sera facile sont les personnes souhaitant discriminer, car comme le disent la biologiste Évelyne Heyer et l'historienne Carole Reynaud-Paligot :

> « Quelqu'un de raciste "se contente" de peu de différences pour hiérarchiser les individus[34]. »

Et en effet, un seul gène, un seul nucléotide de différence suffira à ceux souhaitant discriminer ! Déclarez l'humanité similaire à 99,999 % que certains trouveront toujours le pouillème de différences restantes suffisant pour discriminer. L'existence de ressemblances n'annulera jamais les différences.

Tout ceci explique pourquoi lutter contre les discriminations en minimisant les différences paraît être une stratégie vaine, ou au moins critiquable : non seulement la variation est un principe fondamental du vivant, mais les racistes et les sexistes pourront toujours remettre en question les critères utilisés pour nier une différence. Et ils seraient tout à fait dans leur droit. Dès lors, quelle alternative ?

A.   Précisons tout de même qu'à l'heure actuelle et en-dehors de cas exceptionnels, les scientifiques sont incapables de déterminer comment des différences cérébrales, qu'elles soient grosses ou petites, se traduisent *concrètement* en différences comportementales.

Une possibilité consiste à se rappeler que l'existence de différences est une condition nécessaire mais pas suffisante à la discrimination. Toute discrimination repose en effet sur deux prémisses : l'affirmation de différences *et* l'affirmation que celles-ci justifient des discriminations (figure 3).

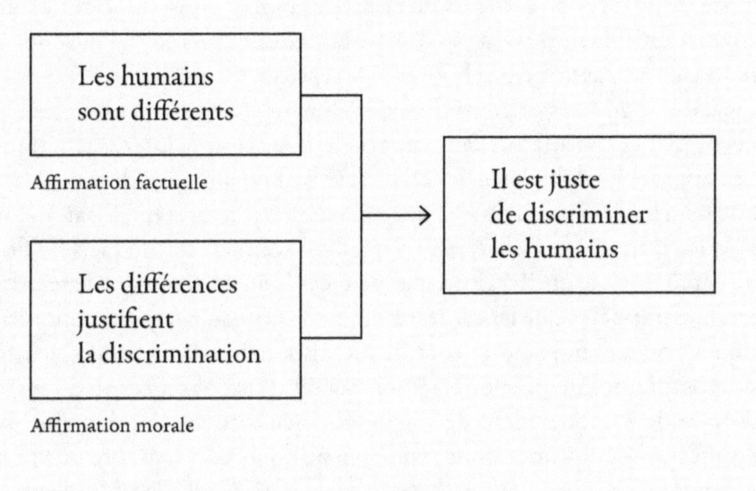

Figure 3.   Les deux prémisses de la discrimination.

La première prémisse est factuelle : il s'agit d'une affirmation sur l'état du monde. Par conséquent, elle est démontrable par la science (une fois que l'on se sera mis d'accord sur des critères). La deuxième prémisse est par contre morale, et hors de portée de la science. Aucune expérience scientifique ne viendra jamais prouver que les différences justifient la discrimination. Voilà qui suggère tout de suite une façon robuste de lutter contre : parce que cette deuxième prémisse est inattaquable par la science, faisons reposer la lutte contre la discrimination sur elle plutôt que sur des prémisses factuelles pouvant être testées.

Remarquez que les grands textes récents sur les droits humains ont toujours pris soin de ne pas donner trop d'importance à l'absence de différences. La déclaration des droits de l'humain n'affirme pas que nous naissons et demeurons libres et égaux en droits *à condition d'être tous des clones*[35]. Elle affirme que nous naissons et demeurons libres et égaux en droits, un point c'est tout.

L'UNESCO se prononçant sur la question du racisme en 1950 n'oubliait pas non plus de rappeler que « l'égalité en tant que principe moral ne repose nullement sur la thèse que tous les êtres humains sont également doués[36] ». Plus de quarante ans plus tard, elle faisait toujours remarquer que « la tolérance est l'harmonie dans la différence[37] ».

Dans un certain sens, l'effort demandé ici est extrêmement banal. Nous découplons déjà l'identité biologique de l'égalité en droits dans de nombreuses situations. Personne ne se bat contre le racisme en niant l'existence de nuances de couleurs de peau. Le combat consiste plutôt à faire en sorte qu'elles ne servent pas de base à des discriminations. Pourquoi ne ferions-nous pas la même chose avec le cerveau, les comportements et les capacités cognitives en général ? Que viennent changer la génétique et les neurosciences à l'affaire ? Peu importe le résultat de la loterie génétique, peu importe les différences de cerveaux entre humains, rien de tout cela ne justifiera les discriminations. Pour être un peu provocateur, j'irais même jusqu'à affirmer qu'à chaque fois que l'on soutient que le racisme doit disparaître parce qu'il n'existe pas de races humaines (ou que le sexisme est injustifié parce que les cerveaux des hommes et des femmes sont identiques), on reprend à notre compte les raisonnements racistes et sexistes supposant que l'on peut directement sauter d'une observation d'un état du monde à un jugement de valeur. Chaque fois que l'on imagine des implications politiques à une étude scientifique, cela veut dire que nous ne sommes pas nous-mêmes convaincus que la science n'a pas de leçons à donner en matière de morale (voir les réflexions de David Hume et John Stuart Mill à ce sujet en section 2.4).

Ainsi, si vous trouvez déplacé de se battre contre le racisme en niant les différences de couleur de peau, vous devriez trouver tout aussi malvenu de lutter contre le sexisme en niant les différences cognitives entre sexes. Affirmons plutôt que le racisme et le sexisme sont injustifiés parce que discriminer est injustifié[A], et tant pis si cela ne fait pas de nous des révolutionnaires. La science n'a rien à voir là-dedans, ce qui dans un sens est une excellente nouvelle ! Réjouissons-nous de son mutisme sur la question, car *quelles que soient ses découvertes futures*, nous pourrons continuer d'essayer de construire des sociétés traitant tous leurs membres équitablement. Prendre nos distances avec la science sur ces sujets devrait aboutir à des luttes sociales plus robustes.

Évidemment, la plupart de ceux qui minimisent les différences sont bien intentionnés. Par exemple, de nombreux chercheurs sont ravis que leurs expériences d'imagerie cérébrale montrant des différences moins grandes qu'on ne le pensait puissent « servir la bonne cause », et s'em-

A.   Le mot « discriminer » possède deux sens pouvant modifier la véracité de cette phrase, nous en discuterons en section 4.1.

pressent de les faire connaître au grand public. Je sais également que propager le message inverse (insister sur les différences) peut très rapidement devenir inconfortable tant nos sociétés ont pris l'habitude de lutter contre les discriminations en niant les différences : toute personne employant une autre stratégie est alors suspectée de mauvaises intentions. Néanmoins, nous devons réfléchir aux conséquences à long terme de ces stratégies argumentatives.

Évoquons-en d'ailleurs une dernière assez fâcheuse : à force de répéter que « les discriminations sont injustifiées parce que les différences sont minimes », nous propageons le message que la découverte de différences plus importantes un jour justifierait les discriminations[38,39]. Cette inférence n'est pas *logiquement* justifiée : en affirmant ce qu'il se passe en l'absence de différences, nous n'affirmons rien sur ce qu'il se passerait en leur présence. Néanmoins, le cerveau humain est ainsi fait qu'il cherche de la pertinence derrière chaque énoncé[40]. Lorsque je dis « s'il ne pleut pas, j'irai aux champignons », vous en concluez que s'il pleut je resterai chez moi. De la même façon, lorsque nous entendons « s'il n'y a pas de différences, la discrimination est injustifiée » nous en déduisons que la discrimination deviendra autorisée le jour où des différences seront trouvées.

De nombreux chercheurs en biologie du comportement ont alerté sur ce problème. Le généticien du comportement John Loehlin écrit dès 1975 que :

> « Si quelqu'un défend la discrimination raciale sur la base de différences entre les races, il est plus prudent d'attaquer la logique de cet argument que d'accepter l'argument et nier l'existence de différences. Cette deuxième stratégie peut conduire à se retrouver dans une situation extrêmement inconfortable si une telle différence est par la suite démontrée[41]. »

Le généticien Anthony Edwards ne dit pas autre chose :

> « Il s'agit d'une erreur dangereuse que de faire reposer l'égalité morale sur la similarité biologique, parce que la dissimilarité, une fois révélée, devient un argument pour l'inégalité morale[42]. »

Ernst Mayr, un des plus importants philosophes de la biologie du XXe siècle, avertissait également il y a plus de soixante ans que :

« L'égalité par-delà l'évidence que nous ne sommes pas identiques
est un concept quelque peu complexe [...]. [Beaucoup de personnes]
préfèrent nier la variabilité humaine et assimiler l'égalité à l'identité.
[...] Une idéologie fondée sur des prémisses aussi fausses à l'évidence
ne peut mener qu'à la catastrophe. Sa défense de l'égalité humaine
est fondée sur une affirmation de similitude. À partir du moment où
il est prouvé que cette dernière n'existe pas, les arguments en faveur
de l'égalité disparaissent de la même manière[43]. »

En résumé, lutter contre les discriminations en niant ou minimisant les
différences est une stratégie vaine voire contreproductive. Les différences
ne pourront jamais être éliminées complètement car la variabilité est un
principe clé du vivant, et deux groupes d'êtres vivants présentent toujours
simultanément une infinité de ressemblances et de différences. De plus, les
critères utilisés pour caractériser l'hétérogénéité interne aux populations
resteront toujours subjectifs et à l'appréciation de chacun. Enfin, minimiser les différences sous-entend que l'égalité en droits repose sur leur
absence, ce qui est faux et dangereux, nous mettant à la merci de potentielles découvertes scientifiques embarrassantes. Pour éviter ces écueils,
employons la même stratégie que pour lutter contre les discriminations
non-cognitives : reconnaissons les différences mais battons-nous pour
qu'elles ne servent jamais de base à des discriminations. Les progressistes
ont toujours célébré la diversité culturelle et corporelle, pourquoi ne se
mettraient-ils pas aussi à chanter les louanges de la variabilité génétique,
cérébrale et cognitive ? Quelle meilleure conclusion que celle du biologiste
Theodosius Dobzhansky sur ce sujet :

« La diversité génétique est la ressource la plus précieuse de l'humanité,
pas un regrettable écart à un état idéal de monotone uniformité[35]. »[A]

A.   Un message également défendu depuis quelques années par le mouvement « Neurodi-
     versité », qui intéressera ceux de mes lecteurs et lectrices qui vivent avec une particularité
     neurale ou cognitive.

2.2. « BIOLOGIQUE » NE VEUT PAS DIRE IMPOSSIBLE À CHANGER

Comme évoqué au chapitre précédent, la biologie du comportement fait souvent peur pour son supposé « déterminisme génétique » : un comportement biologique, génétique, évolué ou inné[B] est souvent pressenti comme impossible à changer. Énoncée telle quelle, cette affirmation est pourtant erronée.

Prenons l'exemple du bronzage. Quelle est la cause de l'assombrissement de la peau après une exposition au soleil ? Le soleil lui-même en premier lieu évidemment. Néanmoins, cet astre n'aurait aucune prise sur nous si nous n'avions pas sous la peau des mécanismes de production de mélanine programmés pour réagir à l'exposition aux ultraviolets. Ces mécanismes étant codés par des gènes, la génétique peut être citée comme deuxième cause de la coloration de la peau. Enfin, nous pourrions faire remarquer que le social joue également un rôle : si demain il devenait socialement mal vu d'avoir la peau bronzée (comme cela s'est déjà produit au cours de l'Histoire, lorsque la pâleur était le signe distinctif d'une aristocratie qui ne travaille pas aux champs[44], et comme c'est encore le cas dans certains pays), les Provençaux seraient aussi bronzés que des Nordistes en année sabbatique à Londres. Ainsi, même pour expliquer un trait simple comme le bronzage, il est nécessaire de faire appel à des explications génétiques, environnementales non sociales et environnementales sociales.

Cet exemple devrait suffire à montrer que les explications n'ont rien de mutuellement incompatibles comme on le croit souvent. Accepter que le bronzage soit génétique ne fait reculer ni l'explication environnementale non-sociale ni celle sociale. Admettre que le bronzage soit dépendant de normes sociales ne fait pas plus battre en retraite l'explication génétique. En jargon scientifique, on dit que les explications ne sont pas un jeu

B.   Tous ces termes ne sont pas forcément équivalents, certains sont évités dans le domaine scientifique et quasiment aucun n'a de définition universellement acceptée. Ici, je ne m'en sers que pour évoquer de vagues associations d'idées.

à somme nulle : accepter l'une n'implique pas de faire reculer l'autre[A]. Il s'agit d'un point crucial pour bien comprendre la recherche sur ces sujets (et ne pas se mettre en colère inutilement contre les biologistes avançant des explications génétiques aux comportements).

Pour clarifier les choses, les scientifiques font souvent la distinction entre l'origine génétique d'un trait et l'origine génétique de la *variabilité* d'un trait. Se demander si le fait d'être bronzé est dû à notre génétique ou à notre environnement n'a pas de sens : comme nous venons de le voir, les deux sont absolument nécessaires. Ce serait comme se demander si l'aire d'un rectangle est causée par sa longueur ou sa largeur. Comme tous les êtres vivants sont le résultat de gènes immergés dans des environnements, tous nos traits sont à la fois génétiques et environnementaux. Par contre, il y a du sens à se demander si la *variabilité* du bronzage est plutôt d'origine génétique ou environnementale : les différences entre Provençaux et Nordistes sont plutôt dues à des facteurs environnementaux, tandis que pour deux personnes vivant au même endroit et exposées à la même quantité de soleil, les différences constatées dépendront surtout de facteurs génétiques (conférant à certains une plus grande facilité à bronzer). S'il est impossible de déterminer qui de la longueur ou de la largeur d'un rectangle contribue le plus à son aire, il est possible de déterminer, lorsque l'aire d'un rectangle a changé, si cette modification est le fait d'une variation de sa longueur ou de sa largeur. Je vous invite fortement à adopter cette distinction entre origine génétique d'un trait et origine génétique de sa *variabilité*, elle vous évitera bien des malentendus[B] !

Ainsi, lorsqu'un scientifique affirme qu'un trait « a des bases génétiques », soit il affirme une banalité (puisque tout trait a des bases génétiques, comme tout rectangle doit son aire en partie à un de ses côtés), soit il affirme quelque chose de plus intéressant (que la *variabilité* de ce trait peut être attribuée en partie à des gènes), mais dans les deux cas, ces bases génétiques n'éliminent pas la possibilité d'influences environnementales.

A. Certaines explications sont néanmoins parfois bien sûr mutuellement exclusives : tout dépend du sujet précis étudié.

B. Cette part de variabilité expliquée par la génétique est appelée « héritabilité » en langage scientifique. Pour achever de vous convaincre qu'il s'agit d'un concept bien particulier, demandez-vous quelle est l'héritabilité du trait « avoir une main à cinq doigts » ? Très élevée selon vous ? Le nombre de doigts est clairement sous contrôle génétique ? Si vous pensez cela (ce qui serait tout à fait normal), c'est que vous n'avez pas encore bien saisi le concept. L'héritabilité de ce trait est en effet proche de zéro, car même si le nombre de doigts est déterminé par des gènes, lorsqu'il y a *variation* de ce trait dans une population, elle est presque tout le temps due à des facteurs environnementaux (des accidents du travail par exemple), pas à la génétique.

En d'autres termes, les bases génétiques d'un comportement ne doivent pas décourager sur la possibilité de le changer. Même si le bronzage (et sa variabilité) est de toute évidence influencé par des gènes, si demain nos sociétés décident qu'il est néfaste de se laisser noircir la peau (pour quelque raison que ce soit), il sera possible de créer des environnements empêchant de prendre des couleurs (en interdisant l'exposition au soleil, en nous greffant des parasols sur la tête, peu importe les détails). Autrement dit, *il sera possible de modifier un trait en partie génétique par une intervention sociale.* Les gènes ne s'expriment jamais dans le vide et ont toujours besoin du support d'un environnement : en changeant ce dernier, il est donc possible de modifier leur expression. Les problèmes génétiques peuvent avoir des solutions environnementales[39].

La même conclusion s'applique à des traits bien plus complexes que le bronzage. Les capacités cognitives par exemple sont toutes influencées par des gènes (voir section 3.3) mais cela ne veut pas dire que l'environnement et le social n'ont pas de rôle à jouer dans leur bon développement. En réalité, ils joueront même souvent un rôle crucial. Pour revenir à mon exemple introductif, même s'il s'avérait que l'espèce humaine était naturellement prédisposée à l'agressivité dans certaines situations et qu'il était découvert des bases génétiques à la violence (ce qui, dans une certaine mesure, est déjà le cas[45-47]), cela ne signifierait pas pour autant qu'il ne nous resterait plus que nos yeux pour pleurer. Il serait toujours possible de créer des environnements dans lesquels cette agressivité n'est pas exprimée (comme il est possible de créer des conditions dans lesquelles il est impossible de bronzer).

Le moment me semble venu de préciser enfin ce que j'entends par « naturel » (merci d'avoir patienté). La définition du sens commun que je vous ai demandé d'utiliser jusqu'ici contient en effet des sous-entendus que je ne souhaite pas conserver.

Pour moi, *un trait est naturel s'il existe un ou des gènes dont la possession augmente la probabilité de développer ce trait, toutes choses étant égales par ailleurs.*

Remarquez l'utilisation du mot *probabilité*. Je ne demande pas aux gènes (ou aux versions des gènes, les allèles[c]) d'entraîner avec *certitude* l'apparition d'un trait pour qualifier ce trait de « naturel ». Il me suffit

C.   Petit rappel de biologie du lycée : si tous les humains partagent les mêmes gènes, tous n'en ont pas la même version. On appelle ces versions de gènes des allèles. Lorsque l'on cherche à expliquer la variabilité de traits entre individus, il est donc plus rigoureux de parler du rôle des allèles que de celui des gènes. Ceci explique que ce terme sera souvent préféré dans la suite de ce livre, malgré mon aversion pour le jargon inutile.

d'une augmentation de probabilité. Remarquez également l'emploi de la proposition *toutes choses étant égales par ailleurs*. Ce terme autorise que l'environnement continue à jouer un rôle dans la mise en place d'un trait pourtant considéré « naturel ».

Je ne fais qu'avancer ici des choses triviales : prenons un exemple pour bien s'en rendre compte. Imaginons que j'affirme que les hommes sont naturellement plus grands que les femmes. En avançant cela, je ne sous-entends pas que *tous* les hommes sont plus grands que *toutes* les femmes. Certaines femmes sont évidemment plus grandes que certains hommes, mais il existe tout de même une différence *moyenne*, une différence statistique. De plus, je ne sous-entends pas qu'il serait impossible de rendre les femmes plus grandes que les hommes si on le souhaitait. Diminuez sévèrement la ration de nourriture des hommes pendant toute leur enfance et vous atteindrez ce but. Néanmoins, dans une société « normale »[A], si vous deviez parier sur qui d'un embryon mâle ou d'un embryon femelle sera plus grand à l'âge adulte *toutes choses étant égales par ailleurs*, vous auriez plus de chances de gagner en pariant sur l'embryon mâle. Les différences de taille entre hommes et femmes sont donc en ce sens naturelles, mais je n'implique rien d'autre par ce terme, et surtout pas qu'elles soient désirables ou impossibles à changer !

Idem avec les capacités cognitives. Même si l'agressivité était naturelle en ce sens qu'il existe des allèles augmentant la probabilité d'aimer la bagarre, cela ne voudrait pas dire qu'on ne peut rien y faire. De façon similaire, même s'il existe des allèles rendant certaines personnes plus à l'aise que d'autres sur certaines tâches mentales (comme celles utilisées dans les tests de QI, voir section 3.3), cela n'implique pas qu'il soit impossible de créer des environnements améliorant les performances de tout le monde (chaque année supplémentaire de scolarité faisant augmenter le QI

A.   Vous connaissant, vous m'attendez au tournant pour me demander ce qu'est une société « normale ». Bien que la réponse soit évidemment loin d'être aisée, une perspective évolutionnaire offre un début de réponse permettant d'aller au-delà du très insatisfaisant « ça dépend ». Un environnement normal pourrait être un environnement proche de ceux qu'ont côtoyés nos ancêtres au cours de l'évolution. En effet, ces environnements historiques n'ont pu être complètement chaotiques et aléatoires, sans quoi la sélection naturelle n'aurait pu opérer : impossible de créer des êtres vivants adaptés à leur milieu si celui-ci ne fait que changer. L'ensemble des régularités statistiques rencontrées par une espèce au cours de son évolution peut donc être déclaré « environnement normal ». Ainsi, je peux me permettre de qualifier la privation de nourriture des jeunes garçons d'« anormale » dans le sens où je n'ai aucune raison de penser qu'elle ait eu lieu de façon stable et répétée au cours de l'évolution. Dans tous les cas, l'emploi du mot « normal » est uniquement descriptif chez moi : je n'implique pas que les environnements historiques soient forcément plus désirables que les autres.

de trois points en moyenne[48]) ou, si on juge cela préférable, des personnes moins bien dotées génétiquement seulement. Le déterminisme génétique fort postulant que nous sommes entièrement et uniquement le produit de nos gènes est rejeté en biologie. Au contraire, l'« interactionnisme » y fait consensus depuis de nombreuses années : tout trait est le résultat d'interactions de gènes et d'environnements.

Tous les chercheurs s'étant exprimés sur ces sujets ont généralement eu à cœur d'insister sur ce point crucial. Ainsi Richard Dawkins rappelle-t-il en 1976 dans *Le gène égoïste* que bien que nous soyons d'une certaine façon manipulés par nos gènes, nous sommes aussi « les seuls sur terre à pouvoir nous rebeller contre la tyrannie des réplicateurs égoïstes[27] ». Ces précautions oratoires ne suffiront pas puisqu'il sera tout de même accusé de faire la promotion de doctrines « déterministes ». Ce à quoi il répondra dans la deuxième édition de son livre :

> « Il est parfaitement possible de maintenir que les gènes exercent une influence statistique sur le comportement humain tout en croyant dans le même temps que cette influence peut être modifiée, effacée, ou inversée par d'autres influences. Nous, c'est-à-dire nos cerveaux, sommes suffisamment séparés et indépendants de nos gènes pour nous rebeller contre eux. [...] Nous le faisons à chaque fois que nous utilisons une contraception. »

Remarquez l'emploi du mot *statistique*, remplissant le même rôle que *probabilité* dans ma définition du naturel. Nos gènes ne nous empêchent pas forcément de modifier nos comportements. N'ayons donc pas peur d'un supposé déterminisme génétique qui règnerait en biologie et devrait décourager d'emblée toute tentative de changement.

Attention néanmoins : ne tombons pas dans le travers inverse de penser qu'il sera *toujours* possible de résoudre les problèmes génétiques par des interventions environnementales (ou d'y arriver *facilement*). Pour reprendre l'exemple du bronzage, il est très facile de construire un environnement empêchant de bronzer mais bien plus ardu d'en bâtir un permettant de bronzer *en mauve* (pourquoi pas, c'est ma couleur préférée). Autrement dit, il est possible de changer certains paramètres du bronzage mais pas d'autres.

En réalité, il est théoriquement possible d'arriver à bronzer en mauve, mais cela nécessiterait des interventions importantes, coûteuses, limites éthiquement et non maîtrisées techniquement. Nous pourrions par exemple bombarder nos génomes de radiations pour les faire muter jusqu'à ce que nos gènes produisent une mélanine mauve ; ou encore, nous injecter sous la peau des molécules prenant cette couleur au contact de la mélanine. Rien n'est impossible à changer *en théorie*, mais certaines choses sont impossibles à changer *en pratique*, c'est-à-dire dans l'état actuel de nos connaissances, de nos capacités techniques, de nos normes morales et de nos moyens financiers. Il s'agit d'un point crucial pour comprendre les différends politiques autour de ces recherches et en particulier les désaccords sur le moment approprié pour se résigner à ne plus essayer de modifier un trait. Typiquement, les progressistes auront tendance à chercher plus longtemps des solutions environnementales, portés par la croyance « qu'il n'y a pas de mauvaises graines, que des mauvais cultivateurs », et accuseront les conservateurs de baisser les bras bien trop vite. Ces derniers leur reprocheront en retour d'être de doux rêveurs dépensant des fortunes pour modifier certains traits pour des résultats dérisoires, quand cet argent pourrait être mieux utilisé ailleurs.

Quoi qu'il en soit, si l'interactionnisme est souvent convoqué par les progressistes pour soutenir que les gènes ne font pas tout, il est tout aussi justifié de s'en servir pour douter de la toute-puissance de l'environnement[A]. Attention à ne pas laisser sur le bord de l'assiette interactionniste les seuls petits pois de la génétique.

Est-il possible de savoir à l'avance quand l'environnement nous sera utile pour résoudre des problèmes génétiques ? A priori non : le cas par cas semble être la règle. Les relations entre gènes et environnements sont multiples et variées et le caractère modifiable d'un trait spécifique ne se décide qu'après étude empirique détaillée. Un détour par la médecine permet de comprendre facilement cela. Si votre médecin détecte une mutation en position 12q24.1 sur le chromosome 12 de votre ADN, il vous diagnostiquera une phénylcétonurie et vous prescrira de manger moins

---

A. Vous rencontrerez parfois des personnes se revendiquant interactionnistes tout en déclarant l'environnement tout-puissant. Cela provient de leur défense d'une version faible de l'interactionnisme dans laquelle les gènes ne construisent que le support des comportements, ceux-ci restant toujours *in fine* déterminés par l'environnement. Dans cette vision souvent qualifiée de « page blanche », les gènes expliquent le *contenant* mais pas le *contenu* des comportements, qui lui reste la chasse gardée de la culture et de l'éducation. Quoique très probablement applicable à certaines situations, faire de cette vision des « interactions » le cas paradigmatique des relations gènes-environnements est beaucoup plus discutable. Cela équivaudrait à suggérer que la sélection naturelle aurait produit des mécanismes permettant de faire varier la couleur de la peau tout en laissant le soin à l'environnement de décider si plus de soleil doit la faire foncer ou l'éclaircir. Cet interactionnisme faible est plus souvent un moyen commode de minimiser l'importance des gènes sans pour autant pouvoir se faire accuser de piétiner le consensus interactionniste.

de protéines. Ce régime devra être suivi toute votre vie mais vous évitera le retard mental normalement associé à cette condition : la phénylcétonurie se soigne bien. Par contre, si vous rendez visite à votre médecin avec un chromosome 21 surnuméraire, il lui sera impossible de vous éviter complètement un retard mental car la trisomie 21 se traite moins bien. Saura-t-on la soigner un jour aussi bien que la phénylcétonurie ? Personne ne le sait. L'espoir est permis, car ces dernières décennies la qualité de vie des personnes atteintes de cette condition s'est fortement améliorée. Néanmoins, personne ne peut prévoir si des thérapies plus efficaces seront trouvées un jour, ni si elles le seront en investissant quelques millions d'euros ou des milliards dans la recherche. La médecine illustre donc bien cet aspect « cas par cas » des relations gène-environnement : il est très difficile d'énoncer des généralités sur la possibilité de s'opposer à la génétique par l'environnement.

Les deux paragraphes précédents peuvent vous sembler très raisonnables mais ne vous y trompez pas : leur lecture aura été insupportable pour certains, pour qui reconnaître un peu d'importance aux gènes, c'est déjà leur en accorder trop[B]. Si vous faites partie de ce groupe, je n'ai malheureusement pas de remède miracle à vous proposer. Malgré des penchants certains à la mégalomanie, je suis obligé de reconnaître que ce n'est pas moi qui ai créé les lois de l'univers. Or ces lois semblent indiquer que de petits bouts d'ADN cachés au fond de nos cellules expliquent en partie nos comportements. Cette situation n'est pas prête de changer. Il apparaît dès lors plus sage de suivre le philosophe Richard Joyce dans sa recommandation :

> « Si des vérités inconfortables existent, nous devons les rechercher et leur faire face comme des adultes intellectuels, plutôt que d'esquiver leur étude ou de fabriquer des théories philosophiques dont la seule vertu est de nous rassurer sur la véracité de nos croyances préétablies[49]. »

Autrement dit, ne nions pas les influences génétiques simplement parce qu'elles ne nous plaisent pas. Il n'y a que dans les livres pour enfants que les monstres finissent par disparaître lorsque l'on ferme les yeux.

B.   C'est une des raisons pour lesquelles la biologie continue d'être accusée de déterminisme alors que le consensus interactionniste y règne depuis des dizaines d'années. Il n'existe pas de règle pour décider à partir de quel moment donner de l'importance aux gènes revient à leur en donner trop, et la possibilité d'être limité et contraint, même partiellement, est insupportable pour beaucoup[4].

Ceci étant dit, le message principal de cette section est bien qu'il n'y a aucune raison de penser *a priori* que la génétique nous empêchera de changer. L'impossibilité totale de changer semble même être l'exception plus que la règle. Nul besoin d'être expert en génétique pour s'en convaincre : remarquons simplement à quel point nos sociétés se sont transformées ces cent dernières années. Le XX\ :sup:`e` siècle a connu un progrès social considérable au cours duquel les comportements humains ont été profondément altérés. Pourtant, notre réservoir de gènes n'a pas radicalement changé dans le même temps. Si nous avons gagné deux à trois points de QI tous les dix ans par exemple[50], ce n'est pas grâce à une évolution des gènes mais des environnements : amélioration de l'éducation, de l'accès à une nourriture et à des soins de qualité.

Répétons-le une dernière fois : un trait génétique, biologique, évolué ou inné est rarement inchangeable. Aux problèmes génétiques existent des solutions environnementales.

2.3. « GÉNÉTIQUE » NE VEUT PAS DIRE NON-RESPONSABLE

La biologie du comportement fait également peur pour la déresponsabilisation qu'elle pourrait entraîner, la crainte étant de voir les excuses du type « c'est pas ma faute c'est la faute à mes gènes » fleurir[9]. Néanmoins, cette appréhension est à tempérer.

Tout d'abord, d'un point de vue théorique, n'oublions pas que nous serons toujours déterminés par quelque chose. Nos actions auront toujours des causes, qu'elles soient génétiques ou environnementales. Ainsi, même s'il était montré que les gènes n'ont aucune influence sur les comportements, les causes environnementales n'auraient pas disparu pour autant. Or un crime peut tout autant être justifié par un « c'est la faute à mon éducation », « c'est la faute à mes parents qui me battaient », « c'est la faute à la violence des jeux vidéos » que par un « c'est la faute à mes gènes »[51]. Un déterminisme est un déterminisme, et si vous trouvez le génétique dangereux vous devriez trouver le social tout aussi pernicieux[52-54].

Le problème des effets déresponsabilisants du déterminisme dépasse de loin le seul cadre de la biologie[A].

Ensuite, d'un point de vue empirique, il semblerait que les justifications génétiques des mauvais comportements ne convainquent pas grand-monde[55]. Après tout, si vous essayiez d'expliquer à un juge que la responsabilité de votre crime est à mettre sur le dos de vos gènes, rien ne l'empêcherait de répondre que celle de votre mise sous écrou est à mettre sur le compte des siens[3]. Comme toutes nos actions bonnes ou mauvaises auront toujours une cause en partie génétique, faire appel au déterminisme pour se sauver des mains de la justice est une stratégie très hasardeuse.

Remarquons aussi que contrairement à ce que l'on entend souvent, le déterminisme génétique est loin de ne faire que le jeu des conservateurs. La gauche a souvent peur que la droite s'en serve pour excuser l'individualisme et la violence, mais la droite s'angoisse tout autant qu'on puisse excuser la paresse et le laxisme. Pour donner encore un peu plus dans les clichés : la gauche craint la déresponsabilisation des fraudeurs fiscaux, la droite celle des profiteurs aux aides sociales[B].

Pour illustrer, rappelons la polémique qu'avait déclenchée Nicolas Sarkozy en 2007 en déclarant qu' « on a tendance à naître pédophile » et que la « part de l'inné est immense[56] ». Levée de boucliers, réactions outrées, sempiternels débats sur l'inné et l'acquis... Nicolas Sarkozy étant de droite, cette anecdote confirmerait la couleur politique du déterminisme génétique... Mais devinez qui fut l'un des premiers à s'opposer publiquement à ces déclarations ? Jean-Marie Le Pen, président d'un parti d'extrême droite. Son problème avec ces propos ? Je cite : « si nous sommes habités par des gènes qui sont en eux-mêmes criminogènes, ça veut dire que nous n'avons pas la responsabilité de ce que nous faisons. »

Ainsi, le déterminisme n'arrange ni la droite ni la gauche, et si vous trouvez qu'il s'agit d'une idée dangereuse en matière de responsabilité, son caractère génétique plutôt que social ne change pas grand-chose.

A.   Il a d'ailleurs parfois été reproché à des courants de sociologie comme celui de Bourdieu de donner dans le déterminisme.
B.   Sans suggérer que ces deux fraudes soient équivalentes.

2.4. « NATUREL » NE VEUT PAS DIRE BON

Haaa, le naturel ! Combien de pilules d'antibiotiques éclipsées par des tisanes au citron parce que le citron au moins, « c'est naturel et pas chimique » ? Combien de fois nos parents nous ont répété qu'une pomme au goûter valait mieux qu'un paquet de biscuits parce que les pommes, au moins, « on sait comment c'est fait »[A] ? Combien de mentions « 100 % d'origine naturelle » sur les emballages de nos cosmétiques pour nous inciter à nous en tartiner le visage ?

Réponse : beaucoup.

Mais quel rapport avec la biologie du comportement ? Aussi étrange que cela puisse paraître, le même phénomène psychologique explique probablement pourquoi certains préfèrent le jus de citron aux médicaments et d'autres abhorrent la biologie du comportement : l'impression tenace que « le naturel est bon ». Lorsque la biologie du comportement avance que des comportements sont naturels, certains en concluent qu'elle affirme en même temps leur valeur et leur désirabilité. Soutenir la naturalité de l'agressivité par exemple serait équivalent à affirmer que nos sociétés devraient renoncer à s'en débarrasser.

Néanmoins, penser le naturel bon n'est pas un raisonnement mais une *erreur* de raisonnement. On la retrouve appelée de différentes manières en philosophie des sciences : sophisme naturaliste, sophisme de l'appel à la nature ou paralogisme naturaliste[B].

Premièrement, il est relativement aisé de se convaincre que le naturel n'est pas *toujours* bon. La nature n'est-elle pas la contributrice principale à notre pharmacopée toxique ? Venins de serpents, de pustules de crapaud, toxines de bactéries seraient-ils bons parce que « naturels » ?

De même, tout comme le naturel n'a rien de bon en soi, le mal-aimé chimique n'a rien d'intrinsèquement mauvais non plus : toutes les plantes produisent leurs composés naturels tant prisés par réactions « chimiques » et toutes les combinaisons moléculaires maintenant notre corps en vie sont également chimiques. Et en quoi le fait qu'une molécule soit produite chimiquement dans un laboratoire plutôt qu'extraite de plantes chan-

A.   Et qu'il n'y a pas de « E » (édulcorants) dedans. Peut-être avons-nous les mêmes parents ?
B.   À strictement parler, il existe des distinctions entre tous ces termes en philosophie des sciences mais l'usage les a souvent rendus interchangeables.

gerait quoi que ce soit à sa dangerosité si cette molécule était la même, à l'atome près, au final ? Rien ne justifie cette frontière souvent érigée entre ces deux mondes. Les produits naturels peuvent se révéler très dangereux comme les chimiques parfaitement inoffensifs.

L'aura positive du naturel est ubiquitaire dans le domaine de la santé et de l'alimentation mais s'immisce aussi parfois en politique. L'affirmation « la violence est dans la nature humaine » est couramment reformulée en « il est normal que les humains se comportent de façon violente ». Or le mot normal est polysémique : il peut désigner une circonstance souvent observée tout comme une issue désirée. « Il est normal qu'il pleuve en Bretagne » veut dire qu'il n'est pas rare de rencontrer cette situation, tandis qu' « il est normal qu'il ait un meilleur salaire » signifie que cette situation est désirée. Le mot est à la fois descriptif et normatif : il sert à décrire certains états du monde comme à en préconiser d'autres. En utilisant ce terme, nous naviguons en permanence entre ces deux sens sans y prêter attention, ce qui est bien dommage car ils n'ont pas grand-chose à voir. Un événement peut en effet avoir lieu régulièrement sans que l'on désire qu'il ne survienne de nouveau, comme lorsque l'on affirme... qu'il est normal qu'il pleuve en Bretagne.

Le mot « loi » a le même double sens[57]. On parle de *loi de la nature* pour désigner un ensemble de régularités observées dans l'univers (les lois de la physique par exemple) mais le mot désigne aussi des textes renseignant sur la façon dont nous *aimerions* que les gens se comportent. Ce mot a donc un sens descriptif et normatif. À cause de ces particularités linguistiques, il est facile de succomber au paralogisme naturaliste et de se mettre à penser qu'une « loi de la nature » non seulement décrit mais *doit* être respectée[51].

Rien n'est moins vrai cependant. Plusieurs philosophes ont averti de l'étrangeté de vouloir prendre exemple sur la nature pour régler nos conduites. David Hume a par exemple fait remarquer qu'il n'était pas logiquement possible de sauter de ce qui *est* dans la nature à ce qui *doit être*[58]. En observant un enfant se noyer, nous savons immédiatement qu'il est de notre devoir de le sauver, que l'action bonne est de se jeter à l'eau. Mais d'où nous vient cette certitude ? Comment avons-nous fait le saut de l'observation de ce qui *est* (un enfant en train de se noyer) à la déduction de ce qu'il *faut* faire ? Il s'agit de deux choses complètement différentes : l'une est affaire d'état du monde, l'autre de morale.

John Stuart Mill réfléchit également au sujet au XIXe siècle. Il commence par distinguer deux définitions de la nature[57] :
– l'univers tout entier et l'ensemble de ses propriétés ;

- l'univers tout entier et l'ensemble de ses propriétés *à l'exclusion de l'humain et tout ce qu'il y fait.*

Sous la première définition, l'humain fait partie de la nature, et puisqu'il ne possède pas de superpouvoirs lui permettant de changer ses lois, il ne sera jamais capable de s'en extraire : toutes ses actions la respecteront forcément. Il n'y a donc pas de sens à demander de la suivre et à affirmer que certaines des actions humaines seulement sont « contre-nature ».

Au contraire, sous la deuxième définition (la plus couramment utilisée selon moi), les activités humaines sont exclues du monde naturel. Tout ce que fait l'humain devient donc automatiquement contre-nature. Cultiver des plantes pour se nourrir ? Contre-nature. Mettre des vêtements pour se protéger du froid ? Contre-nature. Respirer et rejeter du CO_2 ? Contre-nature. Comme le dit Mill lui-même :

> « Piocher, labourer, bâtir, porter des habits, sont des infractions directes à l'ordre qui prescrit de suivre la nature[57]. »

Et si tel est le cas, pourquoi s'obstiner à déclarer certains comportements seulement contre-nature ? Pourquoi se tatouer serait plus contre-nature que mettre une chemise ? Pourquoi avorter serait plus contre-nature que se couper les cheveux ? Seule explication de ces doubles standards : l'idéologie. Voilà la grande leçon de Mill : *les justifications par la nature sont de l'idéologie cachée.* La prochaine fois que vous rencontrerez quelqu'un s'opposant à un comportement « contre-nature », n'oubliez pas de lui demander : « et toi, pourquoi tu ne commences pas par enlever ton slip ? ». En remerciant John Stuart Mill dans un coin de votre tête.

L'attachement au précepte que « le naturel est bon » a parfois mené à des idées politiques dangereuses, tel le spencérisme défendant l'abolition des aides sociales au prétexte que les faibles meurent dans la nature. Néanmoins, remarquons que sur bien des aspects, nos sociétés ont cessé d'être en adoration béate devant la nature. Par exemple, que vous soyiez de droite ou de gauche, j'imagine que vous condamnez le meurtre, le viol et l'infanticide. Pourtant, ces comportements sont « naturels » dans le sens de présents dans un grand nombre de sociétés animales. Leur naturalité n'empêche pas de vouloir que nos sociétés s'en débarrassent. Comme le dit John Stuart Mill :

> « Presque tout ce qui fait condamner les hommes à mort ou à la prison, nous le retrouvons dans les actes de la nature. »

Remarquons également que l'on meurt généralement très jeune dans la nature. Dans les sociétés de chasseurs-cueilleurs, un enfant sur trois n'atteint pas l'adolescence[59]. Si nous n'avions pas décidé de nous opposer à cette tendance en finançant des instituts de recherche et des hôpitaux, la population humaine aurait été amputée d'un tiers ! Heureusement que nos sociétés ont su une fois de plus aller contre-nature en s'opposant à la maladie et la mort.

Vu sous cet angle, les recherches faisant de l'agressivité ou de la violence une composante de la nature humaine ne sont plus si troublantes que cela. Elles ne signifient ni l'impossibilité de s'opposer à ces fléaux ni leur désirabilité sociale.

2.5. LA LUTTE CONTRE LA DISCRIMINATION NE VA PAS CHANGER

Attribuer des droits sur la base de la simple couleur de peau semble assez difficile à justifier : la teinte plus ou moins foncée de notre épiderme n'est qu'une caractéristique superficielle codée par une poignée de gènes. Évolutionnairement parlant, elle n'est que le reflet de la quantité de soleil à laquelle ont été exposés nos ancêtres ces derniers milliers d'années : parce qu'une couleur sombre protège des effets néfastes du soleil mais qu'une couleur *trop* sombre empêche la synthèse de vitamine D, la sélection naturelle a conduit à un compromis différent selon les latitudes fréquentées[A]. Il en va de même pour la discrimination sur la base d'autres critères physiques relativement superficiels (cheveux, nez, etc) : très souvent, les personnes racistes ne leur donnent d'importance que dans la mesure où ils les pensent corrélés à d'autres traits plus importants comme l'intelligence. Autrement dit, même si tous les humains étaient des clones physiquement parlant, le racisme pourrait perdurer si certaines populations s'avéraient « cognitivement supérieures » pour des raisons génétiques.

Cela pourrait-il être le cas ? Disons le tout de suite, rien n'est acté par la communauté scientifique à l'heure actuelle, entre autres à cause

---

A.   En plus de la quantité de soleil, l'alimentation de nos ancêtres (source de vitamine D) pourrait également expliquer le compromis trouvé.

de la difficulté d'identifier si une variation de cognition est attribuable à la génétique ou à l'environnement (voir section 3.3). Mais imaginons un instant que les recherches en génétique montrent que certaines personnes (ou populations) sont « génétiquement plus intelligentes » que d'autres (en prenant la définition de l'intelligence que vous voulez)[A]. Cela justifierait-il de leur attribuer automatiquement plus de droits ? L'intelligence étant a priori plus utile socialement que la couleur de peau, devrait-on favoriser les personnes naturellement brillantes ?

Il existe plusieurs façons de répondre à cette question. Tout d'abord, remarquons que de façon très concrète, peu de monde trouve cela normal d'accorder plus de droits aux intelligents. Einstein n'avait pas le droit de glisser deux bulletins de vote dans l'urne, et si quelqu'un vous doublait dans la queue de la boulangerie en se justifiant par sa possession d'un haut QI, vous auriez bien raison d'éclater de rire et de lui proposer d'accompagner son jambon-beurre d'une tarte dans le visage. L'intelligence est peut-être socialement valorisée mais la valeur sociale semble malgré tout déconnectée de la question des droits (au moins en partie).

De plus, l'intelligence est bien cela : *socialement* valorisée, pas *intrinsèquement* de valeur. La valeur de nos capacités mentales est décidée par nos sociétés et la façon dont elles sont organisées. Si demain nous nous mettons à glorifier l'empathie et l'attention aux autres plutôt que l'intelligence, les personnes socialement valorisées deviendront les personnels soignants et plus les prix Nobel[B]. La hiérarchie des capacités cognitives n'est pas figée dans le marbre et reste susceptible d'être modifiée à chaque instant par l'évolution de nos sociétés (et de nos mentalités donc).

Enfin, remarquons que l'intelligence n'est pas nécessairement bonne socialement. Une personne brillante peut très bien décider d'utiliser ses aptitudes pour nuire à la société, comme Hollywood nous le rappelle souvent par ses films retraçant le parcours de psychopathes à haut QI. L'intelligence n'est pas intrinsèquement positive, ce qui explique d'ailleurs sûrement pourquoi nous ne trouvons pas pertinent de donner plus de droits aux gens brillants.

Ainsi, il est douteux que la découverte de « gènes de l'intelligence » changerait quoi que ce soit en matière de droits et de politique en général.

A. Au passage, aucune raison a priori que les populations désavantagées soient forcément celles appelées de leurs vœux par les personnes racistes.

B. À condition d'accepter que les personnels soignants sont plus empathiques en moyenne que la population générale et que les prix Nobel sont les mieux dotés en intelligence, deux affirmations que vous avez le droit de questionner et qui dépendent bien entendu de vos définitions de ces termes.

Remarquons également que passer de l'étude de qualités physiques à celle de qualités cognitives change peu de choses sur de nombreux aspects. Prenez la beauté par exemple. Il s'agit d'une qualité socialement valorisée et hiérarchisable : à choisir, vous préféreriez être beau plutôt que moche. Être agréable à regarder aide également à réussir dans la vie[60-64] et je ne pense pas que ce sera trop controversé d'affirmer que la beauté est en partie génétique : même si la chirurgie esthétique fait des miracles et que les rayons cosmétiques n'ont jamais été aussi bien fournis, certains humains partent toujours avec une longueur d'avance[C]. Ainsi, tout comme l'intelligence, la beauté est socialement valorisée, hiérarchisable, en partie d'origine génétique et source d'inégalités sociales. Or cette constatation n'a pas fait s'écrouler nos sociétés ni conduit à attribuer plus de droits aux personnes attractives. La découverte de gènes de l'intelligence ne serait qu'une piqûre de rappel que la vie est injuste et qu'une partie de cette injustice trouve sa source dans la génétique[D]. Que la loterie génétique s'applique à des qualités cognitives et non seulement physiques ne change pas grand-chose à l'affaire.

L'origine génétique des inégalités n'impliquerait pas non plus qu'on ne puisse plus y remédier. Non seulement parce que l'environnement est toujours important pour conditionner l'expression d'un trait (section 2.2), mais parce que même s'il ne l'était pas, il resterait possible de dédommager les malchanceux à la loterie génétique. En clair, si nos sociétés trouvaient cela juste et désirable, il serait parfaitement possible de compenser (de manière financière ou autre) les humains les moins beaux et les moins intelligents de la même manière que l'on compense déjà ceux nés dans des environnements sociaux difficiles. Nous seuls sommes décideurs, collectivement, des inégalités qui nous importent et de la façon de les résoudre.

Imaginez qu'on vous informe un jour qu'un de vos enfants a un retard mental d'origine génétique. Cette information vous conduirait-elle à l'abandonner et lui offrir moins de droits qu'à sa fratrie ? Évidemment que non. Au contraire, il est probable que vous renforceriez votre attention et vos soins envers cet humain n'ayant pas eu de chance à la grande

C.   Et ce même si les critères de beauté varient quelque peu en fonction des lieux et des époques : nous raisonnons ici *dans une culture donnée*.

D.   Personnellement, les jolies gueules ne sont pas celles qui me dérangent le plus. Je ressens bien plus d'irritation face aux belles voix, ces humains au timbre grave et profond qui captivent et retiennent l'attention peu importe ce qu'ils racontent. Quelle injustice que la capacité de faire vibrer ses cordes vocales à une fréquence plus basse que la moyenne ! (Et qu'on ne me lance pas sur ceux qui peuvent manger tout ce qu'ils veulent sans jamais grossir.)

loterie génétique de la vie. De la même façon, au niveau sociétal, bien qu'il serait possible de se servir de notre meilleure compréhension des bases génétiques des troubles cognitifs pour délaisser, opprimer et discriminer les personnes affectées, il semblerait que nos sociétés aient au contraire choisi de les prendre en charge mieux que jamais. Comme l'affirme le neuroscientifique Franck Ramus :

> « La connaissance ouvre toujours des possibilités dans toutes les directions, les bonnes comme les mauvaises. Mais l'évolution conjointe des connaissances scientifiques et des attitudes sur le long terme incite à croire que mieux on connaît et plus on comprend, plus on respecte. Il n'y a pas grand-chose à gagner dans l'ignorance[65]. »

Ne nous y trompons pas : peut-être existe-t-il quelque part dans le monde des parents qui se détourneraient de leur enfant infortuné, préférant focaliser leurs efforts sur leur progéniture « normale ». Mais difficile de voir pourquoi nous devrions laisser ces potentielles dérives d'une minorité avoir un impact sur ce que nous et nos sociétés décidons de faire avec nos propres enfants.

Je rejoins sur ce point l'avis de Noam Chomsky, célèbre intellectuel de gauche qui s'étonnait déjà dans les années 1970 du :

> « malaise qu'éprouvent tant de commentateurs à l'idée que le QI puisse être transmissible, et peut-être fortement. Serait-il aussi perturbant de découvrir que la taille relative, le talent musical ou le classement aux cent mètres sont en partie déterminés génétiquement ? Pourquoi avoir des idées préconçues dans un sens ou dans un autre sur ces questions, et en quoi les réponses à ces questions, quelles qu'elles soient, ont-elles un rapport avec les questions scientifiques sérieuses (dans l'état actuel de nos connaissances) ou avec les pratiques sociales dans une société décente[66] ? »

Cette position rejoint également celle du philosophe John Rawls défendant qu'il est inexact d'affirmer que la nature est injuste. Seule la façon dont nos sociétés y réagissent (ou plus souvent n'y réagissent pas) l'est[A] :

A. Ceci ne contredit pas l'affirmation que la vie est injuste. Considérer la nature injuste tout en affirmant pouvoir y remédier est équivalent à la considérer comme ni juste ni injuste intrinsèquement.

« La distribution naturelle n'est ni juste ni injuste ; pas plus qu'il n'est injuste d'être né à une certaine position dans la société. Il s'agit simplement de faits naturels. Ce qui est juste et injuste est la façon dont les institutions font face à ces faits[67]. »

N'oublions pas enfin que des lois existent déjà pour lutter contre les dérives et que la génétique se trouve depuis longtemps dans la liste des critères de discrimination interdits, aux côtés d'un ensemble de critères sociaux tels que le lieu de résidence, la situation de famille et même le syndicalisme (figure 4).

Critères de discrimination

Toute distinction ou différence de traitement est interdite
si elle est fondée sur l'un des motifs suivants :

- Origine
- Sexe
- Situation de famille
- Grossesse
- Apparence physique
- Vulnérabilité particulière liée à la situation économique
- Nom
- Lieu de résidence
- État de santé
- Perte d'autonomie
- Handicap
- Caractéristiques génétiques
- Mœurs
- Orientation sexuelle
- Identité de genre
- Âge
- Opinions politiques

- Activités syndicales
- Qualité de lanceur d'alerte
- Qualité de facilitateur de lanceur d'alerte ou de personne en lien avec un lanceur d'alerte
- Langue parlée (capacité à s'exprimer dans une langue autre que le français)
- Ethnie : appartenance ou non-appartenance vraie ou supposée
- Nation : appartenance ou non-appartenance vraie ou supposée
- Race prétendue : appartenance ou non-appartenance
- Religion : croyance ou appartenance ou non-appartenance

Figure 4. Critères de discrimination interdits par la loi française (source : site internet du ministère de la justice[68]).

Cette liste nous rappelle que les résultats des sciences sociales peuvent être aussi dangereux que ceux de la génétique en matière de discrimination. Par exemple, les sciences sociales nous ont appris que les personnes issues de milieux défavorisés réussissent généralement moins bien à l'université. Cette découverte est potentiellement dangereuse : une université pourrait décider de ne plus accepter les jeunes issus de familles défavorisées pour améliorer ses statistiques. Néanmoins, ce comportement serait puni par la loi, et il est de toute façon peu probable qu'une université agisse ainsi (nos sociétés semblant avoir pris l'habitude dernièrement de résoudre les inégalités plutôt que de les renforcer). Quoi qu'il en soit, personne n'en conclut qu'il est nécessaire d'arrêter, de censurer ou de décrédibiliser la recherche en sciences sociales sur ces sujets.

Pourquoi la génétique devrait être traitée différemment ? Les origines génétiques des comportements ne nous empêchent pas d'essayer de résoudre les inégalités qui en découlent et des lois existent déjà pour minimiser les risques de dérapages. Tant que nous aurons confiance en nos valeurs et nos lois, la recherche sur les origines génétiques des inégalités ne posera pas plus de problème que celle sur ses déterminants sociaux[A].

Au final, la biologie du comportement ne semble pas poser de problèmes politiques réellement nouveaux. Sa focalisation sur les traits comportementaux plutôt que physiques et leur origine génétique plus que sociale ne change rien en matière de discrimination (et de lutte contre). Les discriminations ne sont pas apparues avec ces recherches et ne disparaîtraient pas avec. Bien souvent, les dernières découvertes scientifiques ne sont utilisées que comme excuse pratique pour justifier *a posteriori* des comportements et croyances discriminatoires. Bien souvent, l'intolérance précède la connaissance.

2.6. LES BIOLOGISTES (AUSSI) SONT PROGRESSISTES

Les chercheurs en biologie du comportement humain ont parfois été accusés d'être pourvus d'un agenda caché. La sociobiologie par exemple, discipline scientifique créée dans les années 1970 et dont le but était d'étudier le comportement animal (humain ou non) dans une perspective évolutionnaire, fut qualifiée de création de chercheurs racistes et prophètes de droite du patriarcat[69]. La psychologie évolutionnaire, son héritière, fut accusée d'être « non seulement une science, mais la vision d'une morale

---

A.   Ce qui ne veut pas dire qu'on ne puisse plus améliorer nos lois, ou qu'il ne faille pas faire preuve de vigilance pour que les existantes soient correctement appliquées.

et d'un ordre social [dont] l'agenda politique fait partie de façon transparente d'une attaque de la droite libertarienne sur la collectivité[70] ». Et à en croire certains détracteurs, le moyen le plus simple de découvrir les penchants politiques de quelqu'un est de lui demander ce qu'il pense de la génétique[71]. Toujours pour la même raison : la génétique séduirait avant tout les conservateurs voulant justifier le statu quo.

Ces accusations n'ont pas été prononcées par kiki61 sur les réseaux sociaux mais par des chercheurs publiant dans des revues scientifiques sérieuses. Cela vous donne une idée de l'ambiance dans les universités lorsque l'on aborde ces sujets. Mais que peut-on dire du fond de ces accusations ? Les chercheurs dans ces domaines sont-ils vraiment des conservateurs cachés ?

Si vous n'avez jamais fréquenté les bancs de l'université, vous ignorez peut-être que le monde académique penche franchement à gauche. D'après les sondages, un universitaire a deux fois plus de chances d'être de gauche qu'un Français tiré au hasard (le positionnement gauche-droite étant laissé à l'appréciation des sondés)[72], et la situation est similaire à l'étranger[73]. Soit, les universitaires sont de gauche, mais qu'en est-il des biologistes du comportement spécifiquement ? Pourraient-ils être un îlot conservateur dans un océan progressiste ?

Bien que personne ne les ait jamais suivis dans l'isoloir, les études à notre disposition semblent infirmer cette hypothèse. Par exemple, les psychologues évolutionnaires ne sont pas plus à droite que les psychologues *non* évolutionnaires, eux-mêmes aussi à gauche que le reste de l'université[74,75]. La situation est semblable chez les étudiants. Dans une étude réalisée en 2008 aux États-Unis, 90 % des inscrits à un cursus d'anthropologie évolutionnaire déclarent avoir voté pour Barack Obama[76] : 90 % ont voté pour la gauche, ou tout du moins n'ont pas voté pour la droite si le programme démocrate aux États-Unis est un peu trop mollasson à votre goût.

Et peut-être serez-vous surpris·e d'apprendre que certains des plus grands noms de la biologie de l'évolution du XXᵉ siècle étaient membres de la gauche radicale, adhérents au Parti Communiste pour les uns, membres des Black Panthers pour les autres[69]. Cela fera même dire au sociologue Pierre van den Berghe qu' « une analyse des penchants politiques des leaders de la sociobiologie donnerait plus de crédit à la thèse [que le champ est] une conspiration de communistes[77] » et non une conspiration d'extrême droite comme le voudraient certains. Et en effet, comme nous avons commencé à le voir, la biologie du comportement peut tout autant servir des intérêts progressistes que conservateurs.

Si les chercheurs choisissaient réellement leur sujet d'étude en fonction de leurs affinités politiques, rien ne garantit que la biologie du comportement se transformerait en ce repaire d'extrême droite fantasmé par certains.

Enfin, puisque nous en sommes à parler de qui se cache derrière les chercheurs, mentionnons que beaucoup sont en réalité... chercheuses. La psychologie évolutionnaire a par exemple plus de 50 % de femmes dans ses effectifs[74,76], un chiffre finalement peu surprenant pour une discipline à l'interface de la psychologie et de la biologie, deux domaines plébiscités par les femmes à l'université. Mentionnons également que beaucoup de ces chercheuses n'hésitent pas à travailler sur le sujet des différences cognitives hommes/femmes, c'est-à-dire sur ces mêmes théories que d'autres qualifient d'intrinsèquement sexistes. Bien sûr, je sais ce que vous allez dire : « quelle naïveté ce Stéphane, ce n'est pas parce que ce sont des femmes qu'elles sont forcément féministes ! Peut-être ont-elles été *brainwashées* par le patriarcat et sont-elles incapables de se rendre compte qu'elles sont les artisanes de leur propre domination ». Il s'agit effectivement d'une possibilité. Une autre est qu'elles ont choisi librement leur sujet de recherche en comprenant qu'il n'impliquait pas de catastrophe pour le progrès social en général et la condition féminine en particulier. Dans tous les cas, réjouissons-nous de l'importance de ces effectifs féminins : ils permettront de débusquer plus facilement les potentiels biais masculins pouvant subsister du fait de la mainmise historique des hommes sur la science.

Au final, au risque de décevoir certains détracteurs, la biologie du comportement n'est pas un repaire d'hommes blancs sexistes à l'agenda conservateur caché, où les conférences ont lieu la nuit à la lueur de torches sous des cagoules pointues. Cela ne veut bien sûr pas dire que vous ne trouverez jamais d'acteurs du champ défendant des politiques conservatrices. Néanmoins, il n'y en a pas plus qu'ailleurs. Les biologistes du comportement sont majoritairement progressistes, comme dans le reste du milieu universitaire[A].

Cette information pourrait même conduire à *renforcer* la confiance d'un progressiste en ces recherches. En effet, si la biologie du comportement est pratiquée par des progressistes et récupérée par des conservateurs, cela ne veut-il pas dire que ses chercheurs ont dû se faire violence avant

---

A. Que ce soit clair : je ne suis pas en train de défendre que les penchants politiques d'un chercheur doivent déterminer à quel point lui faire confiance, ni que les conservateurs ne peuvent pas faire de bons chercheurs. Je réponds simplement aux détracteurs accusant le champ d'être un repaire de conservateurs.

de rendre publics leurs résultats ? Dans ce cas, ne devrait-on pas leur faire encore plus confiance pour avoir réussi à mettre leur idéologie de côté ? Ceux qui ont tendance à se méfier de la biologie du comportement lorsqu'elle est récupérée par des conservateurs ne devraient-ils pas diminuer cette méfiance lorsqu'ils apprennent que ces recherches sont majoritairement l'œuvre de progressistes ? Dans un sens, *il est possible de considérer les chercheurs en biologie du comportement comme des progressistes étudiant la possibilité d'hypothèses conservatrices.* Phrase que je me dois de nuancer tout de suite : « hypothèse conservatrice » ne signifie pas grand-chose, un des objectifs de ce livre étant précisément de montrer que les recherches sur la nature humaine ne sont intrinsèquement associées à aucun courant politique. Il serait plus exact de parler d' « hypothèses récupérées par les conservateurs dans le contexte politico-historique actuel ». Néanmoins, vous comprenez l'idée : parce qu'ils sont progressistes, si les biologistes laissaient leur idéologie déteindre sur leur travail scientifique, cela les conduirait à produire des résultats allant dans une direction toute autre que celle observée aujourd'hui.

Tout ceci vous fait peut-être demander s'il n'est pas un peu dangereux pour la science que l'écrasante majorité de ses représentants soit progressiste. Sachez que je me le demande aussi. S'il est difficile d'imaginer en quoi voter à gauche pourrait influencer le physicien étudiant les électrons, les penchants politiques pourraient devenir plus problématiques chez les chercheurs se préoccupant d'humain et de social (biologistes du comportement mais également bien sûr chercheurs en sciences sociales plus généralement). Un peu de recherche existe sur ces sujets[78,79] mais elle n'est pas vraiment concluante (et peut-on vraiment s'y fier si elle aussi n'est que l'œuvre de progressistes ?). Je ne vous fournirai donc que mon avis personnel : le danger me semble réel mais ne pas nécessiter de panique. Je n'ai aucun doute que par idéologie, certains chercheurs ont eu et ont toujours tendance à dénigrer les explications génétiques des comportements. Richard Lewontin et Richard Levins par exemple, célèbres critiques de ces recherches, ont publiquement reconnu avoir « guidé leur recherche par une application consciente de la philosophie marxiste[80] », et dans les années 1970, d'autres chercheurs se retrouvent obligés de publier un communiqué dénonçant la « répression, censure, punition et diffamation dirigées envers des scientifiques insistant sur le rôle de l'hérédité dans le comportement humain ». Selon ce même communiqué, « une sorte d'environnementalisme orthodoxe domine le monde universitaire et inhibe fortement les enseignants, chercheurs et universitaires à se tourner vers des explications biologiques[81] ».

Même si la situation semble s'être un peu améliorée depuis, de nombreux biais progressistes subsistent dans le monde universitaire et nécessitent notre vigilance. Néanmoins, comme nous venons de l'évoquer, être progressiste n'a pas empêché d'autres chercheurs de produire des résultats régulièrement récupérés par les milieux conservateurs, ce qui dans un sens est assez rassurant. Tous les chercheurs ne sont pas incapables de séparer leur travail scientifique de leur idéologie.

J'ai personnellement constaté une grande variabilité interindividuelle à ce sujet : certains chercheurs sont incapables de séparer science et politique quand d'autres ont moins de difficultés. Pour compliquer l'affaire, certains pensent qu'il est non seulement impossible mais également non *souhaitable* de séparer science et politique. Ces sujets sont toujours chaudement débattus en philosophie des sciences (nous y reviendrons en section 4.3) et en réalité grandement dépendants de la définition donnée aux termes « science » et « politique ». En effet, il serait possible de défendre l'innocuité d'un programme de recherche de « science marxiste » tant que cela n'impliquerait que l'adoption d'un ensemble d'hypothèses (inspirées des travaux de Marx) pouvant être rejetées à n'importe quel moment. La promiscuité de la science et de la politique devient plus problématique lorsqu'elle conduit à s'accrocher à certaines hypothèses et à en ignorer d'autres au mépris des données recueillies (par exemple, à rejeter toute influence génétique des comportements pour sauver la croyance en un déterminisme uniquement social des individus).

2.7. LES LEÇONS DE L'HISTOIRE SONT AMBIGUËS

Nous l'avons vu, la biologie du comportement est souvent associée aux grandes dérives morales du XXe siècle et à l'eugénisme et au nazisme en particulier. Impossible de nier ces connexions documentées[24]. Il sera toujours possible de questionner leurs importances car les historiens ne feront jamais passer la théorie de l'évolution avant la misère pour expliquer l'ascension au pouvoir des nazis. Il est tout aussi douteux de penser qu'Hitler n'aurait pas commis ses crimes si les théories scientifiques sur la race n'avaient pas existé. Néanmoins, même si la biologie du comportement avait réellement et directement causé des catastrophes, il n'en resterait pas moins que les leçons de l'histoire ne peuvent se tirer qu'après examen de l'ensemble des exemples historiques à notre disposition, et non sur la base d'une sélection d'échantillons allant tous dans la même direction.

Par exemple, il est de coutume de faire remonter les débuts du racisme au XVIIᵉ et XVIIIᵉ siècle. Pourquoi ? Parce qu'à cette époque, les scientifiques se lancent dans de grandes entreprises de classification de la nature, et l'humain n'y échappe pas[82,83]. L'humanité est divisée en catégories sur lesquelles est apposée l'étiquette « races ». Néanmoins, les humains n'ont évidemment pas attendu que ce concept soit créé au XVIIᵉ siècle pour se discriminer les uns les autres, se méfier de la différence et se taper dessus de façon générale[84]. Des manifestations de sexisme et de xénophobie se retrouvent dès l'Antiquité, et si l'on pouvait avoir des données fiables plus anciennes, il est probable que le tableau ne serait pas beaucoup plus reluisant. Attention donc à ne pas faire de la science et de la biologie en particulier la mère de tous les maux. Si l'on peut concéder que le racisme *en tant que doctrine* est apparu au XVIIᵉ ou XVIIIᵉ siècle, l'intolérance est un phénomène psychologique beaucoup plus ancien (ce qui justifie une nouvelle fois de dire que l'intolérance précède souvent la connaissance).

De même, si les détracteurs de la biologie du comportement rappellent toujours ses connexions avec le nazisme, ils oublient généralement de mentionner que depuis la chute d'Hitler, ces recherches ont continué sans qu'il ne se soit rien passé de notable sur le plan politique. En réalité, ces recherches n'ont pas continué : elles ont explosé. Nos connaissances sur l'évolution et la génétique humaine sont aujourd'hui des milliers de fois plus nombreuses et précises que dans les années 1950. Si ces recherches étaient réellement connectées à des catastrophes morales, nous aurions eu cent fois le temps de repasser sous régime totalitaire. Pourtant, à ma connaissance, pas une seule fois ces soixante dernières années la biologie du comportement n'a pesé directement dans le résultat d'une élection[A].

En réalité, à chaque nouvelle avancée du domaine ces cent cinquante dernières années, la fin de l'humanité a été prédite. Lorsque Darwin a présenté sa théorie de l'évolution au XIXᵉ siècle, certains de ses contemporains eurent peur qu'elle ne fasse s'effondrer la société. Dans les journaux de 1871 on pouvait lire que si la théorie de l'évolution est vraie, « la plupart des individus sérieux seront contraints d'abandonner ces principes par lesquels ils ont tenté de mener de nobles et vertueuses existences [...][53] ».

A. Cela n'exclut pas la possibilité d'influences indirectes, mais elles sont par définition bien plus difficiles à prouver.

Pourtant, cent cinquante ans plus tard, nos sociétés sont toujours là et bien plus égalitaires qu'au XIXᵉ siècle. Quand la sociobiologie est apparue dans les années 1970, rebelote, on a hurlé au retour du nazisme[81]. Et s'il est indéniable que ces recherches ne sont pas passées inaperçues à l'extrême droite[85], ces « récupérations » n'ont pas empêché les progrès sociaux constatés depuis. Lorsque le Projet Génome Humain visant à séquencer l'ADN de notre espèce a été lancé dans les années 1990, nouvelle levée de boucliers de peur qu'on en vienne à penser que « toutes les caractéristiques d'une personne sont codées en dur dans les gènes[5] ». Une fois de plus, les catastrophes morales prédites n'ont pas eu lieu (et, même si c'est un peu hors-sujet, le séquençage du génome humain est aujourd'hui considéré par de nombreux biologistes comme une des plus belles réussites scientifiques de ces trente dernières années).

Il n'est pas rare non plus d'entendre que ces recherches sont dangereuses « surtout dans le contexte actuel de montée de l'extrême droite ». Sans vouloir entrer dans de longs débats sur la santé de nos démocraties, n'oublions pas que d'autres indicateurs que le score du Front National aux élections existent[A]. En France, la Commission nationale consultative des droits de l'homme (CNCDH) dresse chaque année un état des lieux du racisme et de l'antisémitisme. Elle calcule en particulier sur la base de différents sondages un « indice global de tolérance » de la société française. En 2022, cet indice n'avait, selon les propres termes de la Commission, « jamais atteint un aussi haut niveau », avec une progression de quatorze points par rapport à 1990 (voir figure 5)[87]. Autrement dit, la société française serait plus tolérante que jamais ! Bien entendu, il est toujours possible de discuter de la pertinence de cet indicateur et de sa méthodologie de construction, mais cela ne ferait qu'aller dans mon sens : un seul indicateur n'achève jamais les débats. L'explosion des recherches en biologie du comportement corrèle avec la montée de l'extrême droite comme avec la montée de la tolérance.

A.   Par ailleurs, la progression de ce score pourrait être en grande partie due à la progression de l'abstention. Par exemple, en pourcentage du nombre d'inscrits (et non du nombre de votants), le vote pour l'extrême droite aux présidentielles n'a presque pas augmenté depuis les années 1980[86].

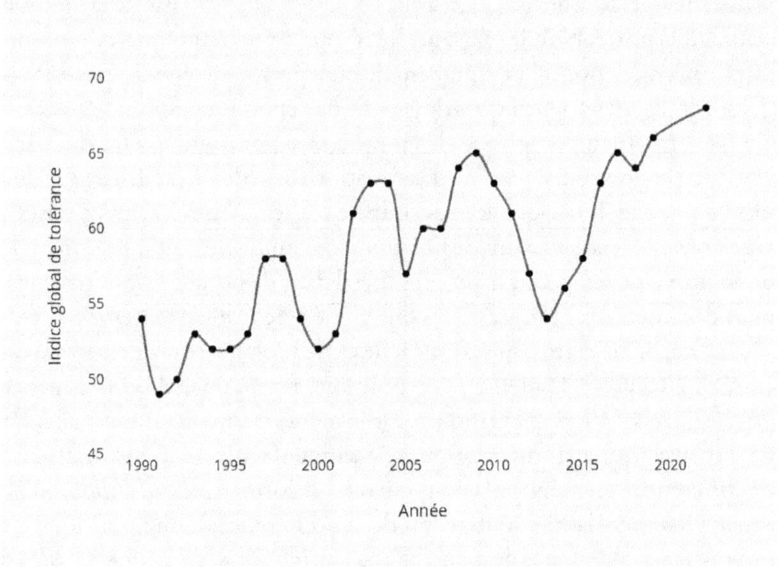

Figure 5.   La société française s'améliorerait-elle sur certains points ? Source : Rapport CNCDH 2021 sur la lutte contre le racisme, l'antisémitisme et la xénophobie[87].

Entendons-nous bien : je ne suis pas capable d'affirmer que ces recherches n'ont absolument *aucun* impact politique négatif. Même si un examen historique indique clairement qu'elles n'ont pas empêché le progrès social ces soixante dernières années, il serait toujours possible d'avancer qu'elles l'ont retardé, et l'absence d'impacts directs n'exclut pas la possibilité d'indirects. Je souhaite simplement faire remarquer qu'en l'absence d'univers parallèle servant de condition contrôle, il est très difficile de se faire un avis. Les leçons de l'histoire sont ambiguës, et il n'y a aucune raison de se focaliser uniquement sur les exemples négatifs en passant sous silence les innombrables cas où les craintes alarmistes ne se sont révélées être rien d'autre que, pour reprendre une expression chère aux progressistes, de la panique morale.

Les tests de QI aujourd'hui si décriés par certains milieux progressistes trouvent également leur origine dans la recherche de progrès social. Ils devaient initialement permettre de repérer plus facilement les enfants doués mais trop pauvres pour faire des études, ou ceux en difficulté ayant besoin de soutien[88,89]. L'eugénisme est également historiquement lié au progressisme en premier lieu[90]. Lorsque j'étais en licence de biologie, un professeur m'avait marqué en affirmant que si j'avais été scientifique de gauche dans les années 1920–1930, j'aurais probablement été eugéniste.

Je m'étais alors levé de ma chaise rouge de colère et j'avais quitté la pièce en claquant la porte. Non je plaisante, je n'étais qu'un étudiant sans amour-propre ni convictions. Et l'argument de mon professeur était imparable : la quasi-totalité des scientifiques de gauche de l'époque étaient eugénistes[91]. Ce n'est pas bien compliqué de comprendre pourquoi : cette doctrine visait au progrès social par une intervention forte de l'État. Il s'agit d'une idée très de gauche à laquelle beaucoup de conservateurs étaient opposés[A]. Une nouvelle fois, les leçons de l'histoire sont ambiguës : non seulement la biologie n'a pas empêché le progrès social dans de nombreuses situations, mais des intentions progressistes ont mené à des catastrophes morales.

La raison de cette connexion lâche entre biologie et progrès social est en réalité toujours la même : une politique n'est jamais la conséquence *directe* de recherches scientifiques. De la même façon que le racisme n'est pas la conséquence d'informations scientifiques seules (comme l'existence de différences entre populations) mais d'informations *additionnées de valeurs morales* (la hiérarchisation de ces différences), une politique est toujours la conséquence de recherches scientifiques *additionnées de valeurs morales* (voir figure 6).

A.   Remarquons également le retour ces dernières années d'un certain « eugénisme » visant à détecter chez les fœtus la présence de certaines anomalies génétiques pouvant impacter lourdement la vie du futur enfant (et de sa famille par ricochet). Le qualificatif d'eugénisme est probablement exagéré étant donné les différences importantes avec la doctrine historique (notamment en terme de choix laissé aux familles), mais force est de constater que l'idée d'intervenir sur la reproduction pour réduire la souffrance humaine continue de séduire, y compris dans les milieux progressistes – et peut-être même surtout dans ces milieux, vu l'opposition des conservateurs à l'avortement par exemple.

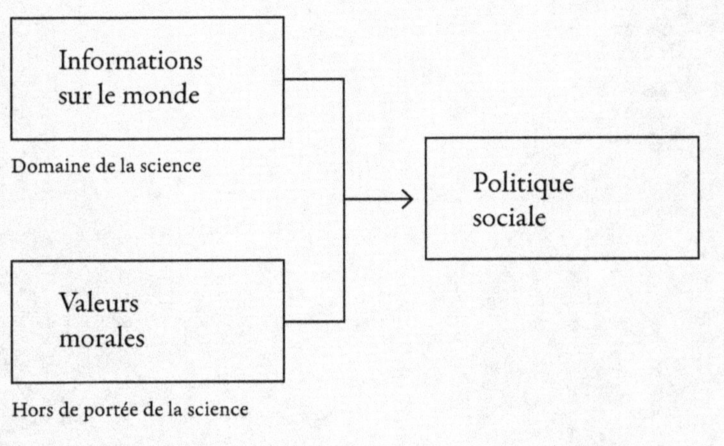

Figure 6.   Des valeurs morales non apportées par la science sont toujours nécessaires pour justifier une politique sociale[B].

Arrêtons-nous là pour ce deuxième chapitre dont le but était d'évaluer le bien-fondé des craintes qu'inspire la biologie du comportement humain. Nous avons vu que ces craintes sont en partie basées sur des malentendus et des incompréhensions. Un comportement biologique, génétique, naturel ou inné n'est pas impossible à changer, forcément désirable ou nécessairement déresponsabilisant. Nous n'avons pas à avoir peur des différences génétiques car l'égalité en droits ne repose pas sur l'absence de différences. De nombreuses lois existent déjà pour contrôler et réprimer les dérives. Au cas où cela aurait de l'importance, les chercheurs dans ces domaines ne sont pas des hommes racistes et sexistes à l'agenda conservateur caché, mais des humains majoritairement progressistes comptant dans leurs rangs plus de 50 % de femmes. Enfin, si l'on peut trouver dans l'Histoire des cas de récupérations politiques malheureuses de ces recherches, les exemples de cohabitation harmonieuse avec le progrès social sont tout aussi nombreux. Tous ces éléments tendent à relativiser la réelle dangerosité de ces recherches. Et ce, avant même d'avoir évoqué leurs potentiels bénéfices.

B.   La science peut bien sûr aider à cerner les valeurs morales d'une population donnée à l'aide de sondages. Je ne considère néanmoins pas cela comme un cas où la science « apporte des valeurs » car elle n'aurait en aucun cas prouvé que ces valeurs sont intrinsèquement meilleures que d'autres. Il ne s'agirait que d'une photographie à un instant t des préférences d'un groupe.

3. QUAND LA BIOLOGIE DEVIENT L'ALLIÉE DU PROGRÈS SOCIAL

Comment la biologie du comportement pourrait-elle servir le progrès social ? Et d'abord, n'est-ce pas contradictoire avec l'idée défendue précédemment que ces recherches ne sont ni progressistes ni conservatrices par nature, et que la science n'a pas son mot à dire en politique ? Attention, ces deux affirmations ne sont pas tout à fait les mêmes et je ne défends que la première. La science n'a certes rien à dire pour décider de nos valeurs morales et de nos objectifs politiques mais elle sera en première ligne pour nous aider à les atteindre une fois choisis, par l'information qu'elle nous apporte sur le monde. La figure 6 contenait déjà cette idée mais développons-la maintenant avec un exemple concret.

Lorsque nous décidons de verser des aides financières aux plus démunis, deux prémisses sont utilisées :
- une factuelle : il existe dans le monde des personnes plus pauvres que d'autres ;
- une morale : il est juste d'aider les plus démunis.

La science n'a évidemment rien à dire sur la deuxième prémisse. Nous en avons déjà parlé en évoquant le racisme : aucune expérience scientifique ne prouvera jamais qu'une certaine action est juste. Par contre, la science sera évidemment nécessaire pour identifier les plus démunis (je parle ici de science au sens large incluant sondages et observations de terrain) et déterminer les aides les plus à même de les sortir de la pauvreté (dons d'argent directs, éducation gratuite, couverture santé...).

Voilà comment la biologie pourrait devenir utile au progrès social. Non en modifiant nos valeurs morales, mais en mettant en lumière des états du monde perfectibles et en nous fournissant des moyens efficaces de les changer. Personne ne récuse vraiment ce type de lien « faible » entre science et politique : qui a vraiment envie que nos choix de société, quels qu'ils soient, soient basés sur une vision inexacte du monde ? Ceci n'oblige néanmoins pas à défendre que la science a des conséquences politiques *particulières* : la vision du monde ne fait pas tout, et toute politique fera intervenir des valeurs morales trouvant leur source ailleurs que dans la science.

3.1. MAUVAIS ARGUMENTS POUR UNE BONNE CAUSE

Nous avons vu en section 2.1 que beaucoup de progressistes luttent contre les discriminations en minimisant les différences et que cette stratégie pouvait s'avérer vaine voire contre-productive. À celles et ceux qui peu convaincus par mon argumentaire continueraient d'emprunter cette voie, je souhaiterais fournir quelques munitions supplémentaires. En effet, il n'est écrit nulle part que l'objectif premier de la biologie du comportement est de mettre en évidence des différences. Si la variation est un principe fondamental du vivant, le concept d'adaptation, tout aussi important, s'y oppose. Les adaptations des êtres vivants à leur environnement ont tendance à se répandre au sein des espèces et donc à les uniformiser. Toute discipline se consacrant à leur étude aimera donc insister sur les ressemblances entre individus. C'est le cas de la sociobiologie, de l'éthologie, de l'écologie comportementale ou de la psychologie évolutionnaire. Cette dernière en particulier, que l'on présente parfois comme obnubilée par les différences femmes-hommes, a pourtant mis au cœur de son programme de recherche la découverte de « l'unité mentale de l'humanité[92] »[A]. En effet, si les humains ont tous les mêmes organes dans le corps (leurs adaptations anatomiques), aucune raison qu'ils n'aient pas les mêmes programmes cognitifs dans la tête (leurs adaptations psychologiques). De plus, lorsque l'on cherche à comprendre le fonctionnement et les propriétés générales des adaptations (leur « design » en anglais), inutile de trop s'attarder sur la variabilité interindividuelle. Par exemple, si certaines personnes possèdent des variations génétiques rendant leur cœur naturellement plus robuste, cela ne modifie pas pour autant le fonctionnement général de leur organe. Pour la même raison, la psychologie évolutionnaire met complètement de côté la variabilité génétique pour se concentrer sur les aspects *universels* de nos programmes cognitifs[B].

A. Par ailleurs, elle étudie quantité d'autres sujets que les différences sexuelles : mémoire, raisonnement, morale, coopération, amour, amitié, émotions, navigation spatiale... Toute la psychologie humaine y passe.
B. Pour une introduction plus poussée à cette discipline méconnue, je recommande immodestement cette série de vidéos sur YouTube : https://homofabulus.com/psycho-evo.

Le message premier du champ est donc on ne peut plus rassembleur et anti-raciste : tous les humains possèdent les mêmes programmes cognitifs dans la tête comme ils possèdent les mêmes organes dans le corps. Ce message à la limite du naïf (et ayant ironiquement valu au champ d'être accusé de verser dans le politiquement correct) pourrait être mis en avant par les progressistes s'ils n'étaient pas obnubilés par les recherches sur les différences femmes-hommes[A].

La génétique du comportement et celle des populations étudient plus la variabilité génétique que ne le fait la psychologie évolutionnaire. Néanmoins, ces champs ne sont pas non plus exempts de données qui raviront les adeptes de la minimisation des différences, telle la similarité génétique des humains à 99,9 % déjà évoquée. Nous pourrions ajouter la variabilité génétique interne aux populations humaines plus grande que celle entre groupes[93,94], les différences génétiques entre humains géographiquement éloignés cinq fois plus petites que celles entre races de chiens, ou le fait que des humains vivant sur des continents différents sont toujours plus proches génétiquement que des chimpanzés habitant des territoires contigus[95]. Attention, tout ce que nous avons vu précédemment reste vrai : 99,9 % de similarité est à la fois beaucoup et très peu, et un seul nucléotide de différence suffira à ceux voulant discriminer. Néanmoins, force est de constater que la biologie peut se révéler une alliée puissante pour minimiser les différences. Ceci tient en partie à la subjectivité des débats déjà mentionnée : si les personnes racistes ont le droit de trouver importante une différence que vous jugez petite, vous pourrez toujours trouver négligeable une distinction qu'ils pensent digne d'intérêt.

A. À l'inverse, un des passe-temps favoris de l'anthropologie du xxe siècle a été d'aller dénicher aux quatre coins de la planète des sociétés humaines aux mœurs différentes de celles des occidentaux. L'intention était généralement louable : faire réfléchir ces derniers sur le caractère absolu de leurs valeurs et les extirper de leur ethnocentrisme béat. Mais ces études sont évidemment à double tranchant, puisqu'elles consistent essentiellement à braquer les projecteurs sur les fossés nous séparant d'autres peuples...

3.2. RENFORCEMENT DES ACQUIS SOCIAUX

Si la minimisation des différences possède comme triste conséquence de sous-entendre que l'égalité en droits repose sur l'identité biologique, cesser d'utiliser cette stratégie argumentative renforcera automatiquement nos luttes contre la discrimination. Car plus besoin de craindre la découverte future d'une différence inconnue jusque-là ou la définition amendée d'une race que la science ne pourra plus rejeter. En embrassant les différences, en les reconnaissant et en rappelant qu'elles n'impliquent rien en matière de discrimination, nous nous mettons à l'abri de toute découverte scientifique potentiellement embarrassante et coupons par là-même l'herbe sous le pied de l'intolérance.

Prenons l'exemple du féminisme pour illustrer ce point concrètement. Historiquement, le féminisme s'est désintéressé de la biologie du comportement et l'a même combattue ardemment pour ses recherches sur les différences naturelles entre sexes[4]. Pourtant, leur incompatibilité ne va pas de soi. Cela fait plus de trente ans que des chercheuses s'attachent à montrer qu'un « féminisme darwinien » est possible et qu'une partie de l'animosité envers cette discipline est redevable à des incompréhensions[4,96-101]. Certaines féministes vont même plus loin en suggérant que la biologie de l'évolution pourrait être une alliée de leur cause et la rejeter plus longtemps une source de danger. La sociobiologiste et féministe Sarah Hrdy avertissait par exemple dès les années 1990 que :

> « Pour les femmes et les hommes qui voudraient changer les règles [...], les réactions passionnées sans analyse réaliste sont peut-être cathartiques, mais elles sont un luxe qu'on peut difficilement se permettre. Elles repoussent un dialogue qui doit avoir lieu entre évolutionnistes et féministes si nous voulons construire l'expérimentation actuelle en matière de droits des femmes sur des bases plus solides [...][99]. »

Que veut-elle dire par là ? En quoi la biologie pourrait donner des bases plus solides au féminisme ? Et en quoi est-ce dangereux de continuer à la rejeter plus longtemps ?

Pour répondre à ces questions, laissez-moi vous raconter une petite anecdote personnelle. Pour préparer l'écriture de ce livre, je me suis « amusé » à visionner des vidéos de politiciens d'extrême droite uti-

lisant ces recherches pour faire obstacle au féminisme. Je m'attendais
à y trouver des paralogismes naturalistes (« les hommes et les femmes
sont biologiquement différents *donc* cela justifie qu'on leur donne des
droits différents ») et des affirmations morales hiérarchisantes (« les
hommes sont supérieurs aux femmes »). Quelle ne fut ma surprise de
ne rien entendre de tout cela. Généralement, n'étaient évoquées que
des différences de comportements dont les origines seraient (en partie)
biologiques : « les hommes n'aiment pas exactement les mêmes activités
que les femmes, et cette différence trouve en partie sa source dans notre
histoire évolutive ». Autrement dit, l'extrême droite affirme des choses
que beaucoup de biologistes considèrent comme des banalités. Jusqu'ici,
rien de trop embêtant encore. Mais ces affirmations sont évidemment
ensuite utilisées pour convaincre que le féminisme *dans son ensemble* (en
tant que lutte pour l'égalité et pas seulement en tant que corpus théorique
sur les causes des comportements) est égaré. Tant de féminismes[A] ont pris
pour habitude de nier les origines biologiques des comportements qu'il
suffit d'énoncer le contraire, recherches à l'appui, pour les décrédibiliser.
L'extrême droite n'a même plus besoin de produire des sophismes pour
convaincre, il lui suffit d'énoncer des banalités.

Voilà pourquoi il est important que les féminismes (et tous les mouvements pour la justice sociale) se réapproprient ces recherches : il devient
beaucoup trop facile pour les réactionnaires de convaincre. Comme l'exprime la généticienne du comportement Kathryn Paige Harden :

> « On ne devrait pas donner aux extrémistes de droite un avantage
> rhétorique si facile, en leur permettant de prendre de nouvelles décou-
> vertes empiriques pour des victoires morales[102]. »

Voilà également ce que voulait dire plus haut la sociobiologiste Sarah
Hrdy en qualifiant de « luxe qu'on ne peut se permettre » les réactions
passionnées à ces recherches. Les avancées des droits des femmes sont
réelles et importantes mais restent fragiles car construites sur des fondations sableuses, certaines théories ayant pris pour habitude de rejeter des
pans entiers de littérature scientifique.

Le comble, c'est que cela me retombe dessus ensuite. Il n'est pas rare
que l'on me demande : « dis donc Stéphane, pourquoi ne t'opposes-tu pas

---

A. Comme beaucoup d'autres avant moi, je constate les nombreuses divergences de points
    de vue et d'objectifs au sein du féminisme, justifiant l'emploi occasionnel du pluriel dans
    la suite de ce livre.

aux dernières déclarations de tel ou untel utilisant la biologie du comportement à des fins politiques ? » La réponse est simple : je ne le peux pas. Très souvent, les récupérations ne sont pas balayables facilement d'un revers de la main scientifiquement parlant[B]. Je ne suis pas responsable de cette situation : les réels coupables sont celles et ceux qui depuis cinquante ans ont fait reposer leurs combats politiques sur des affirmations scientifiques fragiles et ont conditionné l'égalité en droits à l'absence de différences.

Au final, s'il est courant de justifier le caractère dangereux de la biologie du comportement par ses récupérations dans les milieux d'extrême droite, il serait tout autant possible de défendre une causalité contraire. Il se pourrait que ce soit *parce que* les mouvements progressistes ont trop longtemps rejeté ces recherches qu'aujourd'hui les réactionnaires sont les seuls à les reprendre et à s'en servir pour convaincre. Autrement dit, *la dangerosité des récupérations s'expliquerait par la désertion des progressistes sur ces sujets.* Sous la plume de la féministe Griet Vandermassen :

> « Je pense que les contre-offensives réactionnaires ont beaucoup à voir avec la perte de crédibilité des penseurs de gauche, [qui sont] dans un déni total des différences biologiques entre les hommes et les femmes[103]. »

Cette situation est d'autant plus regrettable que le féminisme n'a pas besoin de minimiser en permanence les différences pour défendre sa cause (section 2.1). Le féminisme convainc avant tout pour sa proposition d'égaliser les droits, pas pour son affirmation d'une origine sociale des différences de comportement. Quelle tristesse donc qu'une cause si importante puisse être envoyée valser si facilement simplement parce qu'on l'a fait reposer sur des bases scientifiques fragiles !

Avant de passer à autre chose, je vais profiter de cette section pour tenter de jeter quelques ponts supplémentaires entre féminisme et biologie (que vous serez libres de requalifier de passerelles précaires si vous trouvez cette tentative peu convaincante).

B. Je parle ici toujours des récupérations se contentant de rappeler les origines génétiques de certains comportements. Les récupérations s'aventurant sur le terrain de la recommandation politique (« les difficultés de ces personnes sont génétiques *donc* il est inutile d'essayer de les aider ») sont elles beaucoup plus facilement balayables : non seulement la génétique n'empêche pas le changement (section 2.2) mais on pourrait même défendre qu'il est au contraire nécessaire de redoubler d'efforts pour aider les personnes malchanceuses à la loterie génétique (section 2.5).

Tout d'abord, rappelons que de nombreux chercheurs de ces domaines sont féministes, qu'ils le revendiquent publiquement ou non. Une littérature en « féminisme darwinien » existe même, bien qu'elle soit peu connue. Si vous lisez l'anglais, n'hésitez pas à parcourir ces quelques références pour remédier à cela : [4,97,104-107]. Rappelons également que nombre de ces chercheurs sont en réalité chercheuses, attentives aux potentiels biais masculins pouvant se cacher dans leur champ[99].

De plus, biologie et féminismes s'accordent sur un certain nombre de constats, dont celui que partout autour du monde, les hommes ont tendance à vouloir contrôler les ressources et le pouvoir, les femmes et leur vie sexuelle en particulier. Ces observations sont monnaie courante dans les écrits féministes mais également le point de départ de nombreux psychologues évolutionnaires étudiant les relations hommes-femmes[108].

Biologistes et féministes partagent donc souvent non seulement les mêmes objectifs mais aussi les mêmes constats. D'où viennent leurs divergences alors ? Principalement de la question des *origines* de la domination masculine. Dans les approches évolutionnaires, celle-ci n'est pas seulement considérée comme culturelle mais également comme le produit de stratégies[A] évoluées servant des intérêts reproductifs. Par exemple, la force physique des hommes facilitant leur domination aurait évolué dans le cadre de la compétition entre mâles pour l'accès aux femelles, les mâles les plus forts ayant plus de chances de se reproduire. Dans le même temps, les femmes auraient eu tendance à choisir des partenaires puissants physiquement ou socialement dominants, contribuant ainsi elles-mêmes à la sélection de mâles à même de profiter de leur force par la suite. Au-delà de la force physique, la sélection naturelle a pu façonner plus directement la cognition des hommes pour les pousser à essayer de contrôler la sexualité des femmes. Au final, chaque sexe poursuivant ses propres intérêts reproducteurs (consciemment ou non) aurait contribué à l'évolution de caractéristiques physiques et cognitives permettant ou facilitant la domination masculine.

Je ne brosse ici qu'un tableau général ; il existe de nombreuses variations et subtilités à ces hypothèses supportées par un certain nombre d'arguments empiriques et théoriques. Mon but n'est pas de faire le tour scientifique de la question mais d'expliquer pourquoi nombre de

---

A. En biologie de l'évolution, le mot « stratégie » n'implique pas forcément de réflexion consciente. Le déplacement des oiseaux migrateurs vers le sud à l'automne peut être qualifié de stratégie (augmentant leurs chances de survie) sans que cela n'implique qu'elle ait été choisie *consciemment* par ces volatiles, et encore moins choisie en connaissance des avantages de survie.

chercheurs postulent que la domination masculine trouve en partie son origine dans notre histoire évolutive et non seulement dans la culture[B].

Ce contrôle mâle de la sexualité femelle peut d'ailleurs s'observer dans d'autres espèces de primates mais, fait intéressant, est absent dans certaines et fortement dépendant du contexte dans d'autres[97]. Cette dernière observation est particulièrement digne d'intérêt : elle nous rappelle que même si la domination masculine trouvait en partie son origine dans notre histoire évolutive, cela ne voudrait pas dire qu'on ne pourrait rien y faire ! Au contraire, en nous comparant à d'autres espèces, il devient plus facile de comprendre les conditions favorisant son émergence (et donc, permettant de s'y opposer). Il s'agit d'une énième illustration du fait que le caractère évolué ou biologique d'un trait ne signifie pas son inflexibilité (section 2.2). Même si les hommes avaient dans la tête des programmes évolués les poussant à essayer de contrôler la sexualité des femmes (comme dans d'autres espèces de primates), cela ne voudrait pas dire qu'on ne pourrait pas s'y opposer, et encore moins que cette domination est justifiée. Comme l'exprime l'anthropologue Barbara Smuts :

> « La perspective évolutionnaire est en accord avec les perspectives considérant que la coercition des femelles par les mâles est conditionnelle plutôt qu'inévitable[97]. »

Enfin, attirons l'attention sur le fait que la biologie du comportement ne dévalorise pas les attributs féminins systématiquement. D'un point de vue théorique d'abord, il n'y a aucune raison que les performances cognitives des hommes et des femmes soient tout le temps différentes. Les approches évolutionnaires ne postulent des différences que dans les domaines où les sexes n'ont pas été confrontés exactement aux mêmes problèmes de survie ou de reproduction (ou à la même intensité de problème) au cours de l'évolution. Imaginez deux populations de poissons d'une même espèce, l'une vivant en rivière aérienne, l'autre en cours d'eau souterrain. L'obscurité de ce dernier environnement constitue un problème évolutif spécifique pouvant conduire, par sélection naturelle, à l'apparition de capacités que ne possède pas la population vivant au grand jour (par exemple, développement des capacités olfactives). Des problèmes

---

B. Même si j'espère qu'il n'est plus nécessaire de le préciser arrivés à ce stade du livre, accepter cela ne signifie pas rejeter en même temps les explications culturelles. Les mariages forcés, l'excision, la punition de l'adultère et tous les stratagèmes culturels évoqués dans le chapitre 1 restent évidemment des facteurs importants pour expliquer la domination masculine.

évolutifs différents (en biologie de l'évolution, on dirait des « pressions de sélection » différentes) conduisent à l'apparition de traits différents, quand des environnements similaires produisent (généralement) des individus identiques. Pour les sexes, c'est la même chose : à chaque fois que les problèmes évolutifs rencontrés auront été identiques, on s'attendra à ce que les psychologies hommes/femmes soient similaires.

De plus, lorsque la biologie du comportement découvre des différences, elles sont loin de toujours favoriser les hommes. C'est une nouvelle fois peu surprenant d'un point de vue théorique : chaque fois qu'au cours de l'évolution il aura été plus important pour les femmes de résoudre un certain problème de survie ou de reproduction, on peut s'attendre à ce que leur psychologie soit plus performante pour réaliser la tâche cognitive associée. Pour reprendre mon exemple aquatique, imaginez une population de poissons vivant la moitié du temps seulement dans le noir et une autre plongée en permanence dans l'obscurité : il est plus important pour cette dernière d'arriver à détecter des proies sans lumière et on peut donc s'attendre à ce que ses capacités olfactives soient plus développées. *Il n'y a rien qui, en biologie, défavorise intrinsèquement la psychologie féminine.*

En réalité, s'il existe un sexe dont l'image ressort ternie de ces recherches, ce serait plutôt le masculin[4,109] ! Les mâles de l'espèce humaine sont régulièrement dépeints comme plus violents, agressifs, portés à prendre des risques stupides ou à être infidèles[A]. Hélas, si vous fréquentez les milieux féministes, vous savez comment ces résultats y sont reçus. L'infidélité naturelle des hommes par exemple ressemble à une forme de justification et pourrait donc leur permettre de se déresponsabiliser (section 2.3). Cela ne ferait que renforcer le stéréotype du Don Juan volant de conquête en conquête sans accorder d'importance à aucune d'entre elles. Idem pour la tendance à la prise de risques inutiles ou à la violence : l'image renvoyée

---

A. Remarquons que ces résultats sont dangereux dans le sens où ils pourraient être utilisés pour justifier, par exemple, un traitement hormonal apaisant pour tout petit garçon dans sa plus jeune enfance. En tant que premier concerné par ces dérives, je soutiens malgré tout pleinement ces recherches « stéréotypantes », « essentialisantes », « sexistes » et donnant une mauvaise image des hommes. Si les hommes sont réellement naturellement plus agressifs que les femmes, nous avons besoin de le savoir afin que, si nos sociétés décident collectivement que cela pose un problème (ce qui est mon avis), nous puissions le résoudre plus facilement, par une éducation différenciée ou une protection renforcée des femmes. De plus, j'ai suffisamment confiance en nos sociétés pour penser qu'elles apporteront des solutions à ce problème plus mesurées que celles ayant pu être mises en place par le passé. La confiance est un paramètre important dans ces débats, nous en reparlerons en section 4.4.

est certes négative mais peut toujours être perçue comme « faisant le jeu des hommes » par la déresponsabilisation qu'elle entraîne.

Est-ce réellement le cas? Peut-être, peut-être pas. Je note simplement que la biologie du comportement est accusée d'être sexiste qu'elle peigne un portrait positif ou négatif des hommes. Ici, ce n'est plus l'intolérance qui précède la connaissance, mais l'indignation.

Enfin, il arrive parfois à cette discipline de déconstruire des stéréotypes sur les femmes, comme celui de la passivité et de la fragilité. Les théories évolutionnaires donnent en effet un rôle central aux femmes en matière de choix de partenaire sexuel[4,99,110]. Cette particularité marqua la féministe Carla Fehr lors de son premier cours de sociobiologie à l'université : quel bonheur d'entendre une théorie scientifique présenter les femmes comme actives et dont les choix sont importants alors que son éducation lui avait toujours appris le contraire[111] !

Si le féminisme est une cause qui vous tient à cœur, je ne saurais trop vous conseiller de jeter un œil aux travaux des féministes darwiniennes. L'idée n'est pas de vous convertir instantanément, ni de vous convertir tout court d'ailleurs : peut-être continuerez-vous à considérer la biologie comme fondamentalement incompatible avec le féminisme (tout dépend de ce que vous attendez de celui-ci). L'important est de s'exposer à la pensée de chercheuses très au fait à la fois des théories biologiques et des théories féministes pour vous assurer que vous n'avez pas été mal renseigné·e sur ces sujets, un écueil malheureusement trop courant étant donné le nombre de malentendus ambiants (sections 2.2, 2.3 et 2.4). Comme en témoigne la féministe Griet Vandermassen, qui commença par être hostile à ces recherches avant de changer d'avis en s'y intéressant de plus près :

« En lisant des travaux de biologie de l'évolution et de psychologie évolutionnaire, je me suis rendu compte que j'avais été mal informée par les écrits féministes sur le sujet. De plus, j'avais le sentiment que la psychologie évolutionnaire pourrait nous aider à mieux comprendre [...] le patriarcat, l'identité de genre, les rôles de genre et la sexualité, sans être pour autant le moins du monde une défense du statu quo[4]. »

3.3. AMÉLIORATION DES POLITIQUES PUBLIQUES

La biologie du comportement peut espérer contribuer aux politiques publiques de deux façons au moins. D'abord en permettant une éducation ou des soins plus adaptés par la connaissance des génomes – ce que l'on appelle éducation ou médecine personnalisée. Ensuite en rendant nos politiques publiques plus efficaces car débarrassées du facteur confondant de la génétique. La première application relève encore du domaine de la science-fiction à l'heure actuelle mais la deuxième pourrait être envisagée dès demain.

Commençons par la science-fiction. La plupart de nos politiques éducatives actuelles reposent sur un postulat caché : celui de l'égalité cognitive à la naissance. Ce postulat explique pourquoi nous offrons la même éducation à chaque humain fraîchement débarqué sur Terre : si nous sommes tous égaux en cerveaux à la naissance, une éducation identique devrait suffire à assurer les mêmes chances dans la vie. Mais imaginez un instant que ce postulat soit faux et que des variations génétiques expliquent en partie les différences de réussite, non seulement à l'école mais plus généralement dans la vie. Dans ce cas, offrir la même éducation à tous ne s'avère plus suffisant pour atteindre l'égalité des chances. Comme l'exprime le philosophe Thomas Nagel :

> « L'idée de gauche de même traitement pour tous [...] garantit que l'ordre social reflètera et probablement amplifiera les distinctions initiales produites par la nature[112]. »

Partant de là, il devient possible de défendre qu'une politique progressiste devrait essayer de compenser les inégalités génétiques de la même manière que l'on s'efforce déjà de compenser les inégalités sociales[39,43]. L'idée de même traitement pour tous serait remplacée par celle de traitement adapté à chacun : la recherche d'équité se substituerait à celle d'égalité. D'une part, les enfants les moins avantagés génétiquement pourraient nécessiter plus d'attention. D'autre part, il est probable que les méthodes éducatives ne fonctionnent pas toutes de la même manière sur chaque élève. Autrement dit, nous pourrions être actuellement en train de favoriser certains élèves au détriment d'autres simplement parce que nous fermons les yeux sur les différences génétiques.

Mais est-ce bien vrai que l'on ne naît pas tous égaux cognitivement ? Bien que la recherche soit encore en cours sur ces sujets, la réponse semble de plus en plus tendre vers le oui. Des allèles associés à un plus haut QI (ou à une plus grande probabilité de faire de longues études si vous préférez ce critère[A]) ont été trouvés[115-119]. Il est assez compliqué de vous expliquer précisément ce que signifie cette dernière phrase sans doubler dans le même temps le nombre de pages de ce livre. Néanmoins, ces recherches font l'objet de tant de fantasmes et de malentendus que j'ai décidé de consacrer quelques pages de mon annexe à vous les expliquer (annexe II p. 148). Si vous souhaitez ces éclaircissements tout de suite, je vous laisse quelques instants pour les consulter. Et pour celles et ceux qui comme ma sœur relisant ce texte ont déjà du mal à rester concentrés sur le fil principal des idées, continuons sans plus attendre.

Des variations génétiques associées à un fort QI ou à une plus grande probabilité de faire de longues études ont été trouvées, je disais. Mises ensemble, elles permettent d'expliquer 10 à 15 % de la variabilité du niveau d'étude dans une population donnée. Lorsque la science aura encore un peu progressé, il devrait être possible d'expliquer jusqu'à 20 % de cette variabilité[115]. Est-ce beaucoup ? Oui et non. Non car 20 % veut dire que la majeure partie de la variabilité reste expliquée par autre chose que des gènes. Par exemple, par les revenus du foyer, un facteur important identifié depuis longtemps en sciences sociales. Mais justement, savez-vous quel pourcentage de variabilité ces revenus expliquent ? 7 à 10 %[117]. Autrement dit, un paramètre social dont l'impact est généralement considéré

A.   Ici et dans la suite du livre, je ne sous-entends pas que les deux critères sont équivalents : tous ceux qui ont fait de longues études ne sont pas forcément intelligents (j'ai des amis pour le prouver !) et le manque d'intelligence n'est clairement pas ce qui a poussé d'autres de mes camarades à arrêter l'école précocement. Je mentionne les deux critères pour vous laisser choisir celui qui vous paraît le plus important, puisque nous disposons d'études sur les deux. De plus, au cas où vous regretteriez que l'on utilise un indicateur aussi grossier que le QI pour mesurer quelque chose d'aussi varié, complexe et subtil que l'intelligence, voici quelques éléments de réponse, même s'il s'agit d'un sujet à part entière :
1. l'intelligence peut s'appliquer à des domaines variés mais les performances dans un domaine sont souvent corrélées aux performances dans les autres[113] ;
2. tout indicateur en science est nécessairement imparfait, cela ne veut pas dire qu'il soit non-informatif ;
3. le QI en particulier est corrélé à des choses très concrètes telles que les revenus, la santé ou l'espérance de vie ; mieux, il les prédit des dizaines d'années à l'avance[114] ;
4. enfin et surtout, vous pouvez choisir la définition de l'intelligence que vous voulez, il sera toujours possible de trouver des allèles associés, car toutes les capacités cognitives sont sous l'influence de gènes. Nous allons y revenir dans un instant.

comme important sur le niveau d'étude explique deux à trois fois moins de variabilité que les gènes[A] !

En réalité, décider si 20 % de variabilité expliquée est beaucoup ou non dépend de combien de variables se partagent les 80 % restant. Si peu, cela voudrait dire que chacune d'entre elles a un poids important et que l'importance *relative* de la génétique diminue. Mais si trois cents variables se partagent l'explication des 80 % restants, les 20 % de la génétique deviennent sûrement explication prépondérante. Nous retombons sur la subjectivité des tailles de différence évoquée en section 2.1.

Vous devez en tout cas maintenant mieux comprendre pourquoi les apports de la génétique à l'éducation relèvent surtout du domaine de la science fiction à l'heure actuelle. Même si la génétique était l'explication prépondérante de la durée de scolarité (ou du QI), prédire 20 % de variabilité reste insuffisant pour anticiper la trajectoire d'un enfant particulier[B]. De plus, comme dans la grande majorité des cas les chercheurs n'ont aucune idée de la façon dont un allèle produit ses effets (voir annexe II p. 148), cela réduit d'autant plus les possibilités d'intervention pour s'opposer aux allèles délétères.

Néanmoins, il n'est pas impossible que dans le futur la science devienne plus précise dans ses prédictions et mieux informée des mécanismes. C'est pour cette raison que les progressistes pourraient vouloir garder un œil sur ces recherches. La génétique leur permettrait alors de déceler des inégalités et leur offrirait des pistes pour y remédier. Actuellement, tous les jours s'assoient sur les bancs de nos écoles des enfants dont les allèles diminuent leurs chances de succès[C], et personne ne fait rien pour les aider.

Personne ne fait rien ? N'exagérons pas non plus. Les difficultés scolaires finissent toujours par se remarquer, qu'elles aient des origines génétiques ou non. On pourrait donc se questionner sur la pertinence de s'embarrasser de tests génétiques, en particulier connaissant les risques de

A. Précisons pour être exhaustif que d'autres variables classiquement étudiées en sciences sociales, comme le niveau d'éducation des parents, expliquent autant de variabilité que les gènes.

B. Le même constat s'applique à n'importe quel autre facteur explicatif du comportement : un chercheur en sciences sociales est tout aussi mauvais pour prédire la trajectoire d'un enfant sur la base du revenu de ses parents qu'un chercheur en biologie pour la prédire sur la base de ses gènes. Il est nécessaire de rester modeste dans nos conclusions à l'heure actuelle.

C. Le fait que le succès à l'école ne soit pas forcément corrélé au succès dans la vie ne change rien à mon propos. Imaginons que nos écoles aident à coup sûr à réussir dans la vie, ou envisageons un monde sans écoles où chacun se débrouillerait comme il le peut depuis la naissance : certains humains s'en sortiront toujours mieux que d'autres dans ces environnements *du fait de leurs allèles*.

dérapage associés. Pourquoi ne pas simplement attendre que les difficultés se manifestent pour y remédier ensuite ? Une réponse possible est que plus un problème est décelé tôt, plus il est généralement facile d'y remédier. Pour lutter contre le cancer, nous ne nous satisfaisons pas d'attendre de voir qui va tomber malade : nous réalisons des dépistages et faisons de la prévention active chez les personnes les plus à risques. Nous pourrions faire la même chose en matière d'éducation : dépister avant que certains enfants ne prennent trop de retard. Néanmoins, peut-être que le domaine de l'éducation est différent de celui de la santé. Par exemple, même si les tests génétiques étaient parfaitement fiables et nous permettaient de déceler un trouble cognitif à la naissance, si les seules interventions dont nous disposions pour y remédier n'étaient efficaces qu'à partir de l'âge de trois ans, nous ne gagnerions pas de temps par rapport à ce que nous faisions déjà[120]. Ceci, seule la recherche à venir nous le dira, par des études au cas par cas.

Mentionnons enfin que les réticences aux tests génétiques à l'école sont très dépendantes du crédit donné à l'hypothèse que ces examens « puissent mal tourner ». Si vous faites partie des personnes peu effrayées par les risques de dérapage (parce que vous pensez que nos sociétés ont aujourd'hui pris l'habitude de résoudre les inégalités plutôt que de s'en servir pour discriminer, ou que vous ne souhaitez pas laisser les dérives potentielles d'une frange minoritaire de la population trop influer sur nos choix sociétaux, voir section 2.5), l'exploration des bénéfices de la génétique dans le domaine éducatif vous paraîtra moins problématique. La confiance en nos institutions et en nos concitoyens est de nouveau un paramètre important de ces débats (discuté en section 4.4).

Tout ceci étant dit, répétons une dernière fois que l'éducation personnalisée relève encore aujourd'hui du domaine de la science-fiction, et si demain vous me bombardiez ministre de l'enseignement, ce n'est pas la génétique comportementale que j'ensevelirais sous les financements en premier pour résoudre les trop tristement célèbres problèmes de l'éducation nationale.

Dans le domaine de la santé, les mêmes possibilités et conclusions s'appliquent. La médecine personnalisée n'est pas encore pour demain (mis à part dans quelques cas bien précis, comme la phénylcétonurie évoquée précédemment) mais il est certain que nous ne sommes pas tous égaux génétiquement face à la maladie ou aux troubles mentaux. Il s'agit d'ailleurs d'une autre raison pour laquelle il faut cesser de vouloir minimiser les différences à tout prix. Il existe un certain paradoxe à affirmer d'un côté que les cerveaux des femmes et des hommes sont identiques et à vouloir d'un autre que la recherche thérapeutique prenne mieux en compte les spécificités féminines (deux revendications courantes dans les milieux féministes). Si vous pensez que les cerveaux des hommes et des femmes sont identiques, cela devrait vous conduire à donner les mêmes médicaments à tous et toutes. Si leurs cerveaux diffèrent, il devient injuste, et parfois criminel (pour les maladies neurologiques et psychiatriques par exemple), de ne pas différencier les traitements.

Autre intérêt potentiel de la médecine personnalisée : la possibilité de se passer des catégories grossières utilisées jusqu'ici pour diagnostiquer certaines maladies. Par exemple, actuellement l'ethnie d'un patient est parfois utilisée comme information par les médecins pour réaliser un diagnostic. Cette caractéristique peut en effet être associée à une plus grande probabilité de développer une certaine condition, même s'il ne s'agit que d'un indicateur grossier : seule la possession de certains allèles compte au final. Le séquençage de l'ADN permettrait donc de repérer directement ces allèles, et par conséquent autoriserait les médecins à effectuer des diagnostics plus précis sans avoir à se baser sur des catégories grossières. En évitant la stigmatisation parfois ressentie par les patients au passage ! Tout individu entrant à l'hôpital serait considéré comme un humain à part entière, avec un génome unique lui conférant une certaine probabilité de développer certaines maladies, et non plus comme le représentant stéréotypé d'un groupe. Ainsi, contrairement à ce que certains progressistes craignent, la prise en compte de la génétique en médecine pourrait conduire à moins d'essentialisation et moins de stigmatisation !

Évoquons maintenant la deuxième utilité potentielle de la génétique pour les politiques publiques. Imaginons que vous soyez un chercheur ou une chercheuse essayant d'expliquer pourquoi certains enfants développent des problèmes d'apprentissage de la lecture. Votre démarche expérimentale pourrait ressembler à cela :
- vous observez que les enfants à problème viennent souvent de familles où les parents leur lisent peu d'histoires ;
- vous passez en revue toutes les explications alternatives pouvant expliquer ces mêmes données ;
- si aucune n'est trouvée, vous en concluez que le déficit d'histoires lues a très probablement *causé* ces problèmes.

Ce raisonnement est valide, mais sa pertinence dépend entièrement du fait qu'il n'a été omis aucune explication alternative à la deuxième étape. Or à l'heure actuelle, une hypothèse est quasi systématiquement ignorée. Laquelle ? Surprise, roulement de tambour, suspense insoutenable :

la génétique. La génétique fait très rarement partie des suspects alors qu'elle pourrait aussi bien expliquer les mêmes données :

- soit un allèle qui pousse à ne pas être attiré par la lecture (pour quelque raison que ce soit) ;
- cet allèle sera généralement présent chez les parents et les enfants d'une même famille (puisque les gènes se transmettent de génération en génération) ;
- cet allèle conduira donc non seulement les enfants à ne pas être attirés par la lecture mais aussi leurs parents à ne pas leur acheter de livres ou ne pas leur en faire la lecture.

Ainsi, une explication génétique peut tout à fait expliquer pourquoi se retrouvent au sein de mêmes familles des parents lisant peu et des enfants ayant des difficultés à déchiffrer les petits caractères ! Avant d'affirmer que ces problèmes ont été causés par un certain environnement, il est nécessaire de s'intéresser à la génétique de toutes les personnes impliquées. Dans le jargon scientifique, on dit qu'il faut *contrôler* la génétique.

Malheureusement, à l'heure où j'écris ces lignes, beaucoup de chercheurs ne se donnent pas cette peine. En partie pour des raisons techniques et financières (séquencer l'ADN était encore coûteux jusqu'à récemment) mais également pour des raisons éthiques et/ou idéologiques (les explications génétiques des comportements étant encore taboues dans une partie des sciences sociales, en particulier en France, pour toutes les raisons détaillées dans ce livre). Si les difficultés techniques commencent à disparaître, les oppositions politiques ne cesseront pas de sitôt. Que vous les trouviez justifiées ou non, force est de constater qu'elles entravent notre bonne compréhension du monde et par ricochet la mise en place de politiques publiques efficaces. En effet, que fera un politicien ou une politicienne apprenant que le manque de lecture des parents cause les problèmes de lecture des enfants ? Il ou elle s'empressera de mettre en place des politiques d'achats de livres ou de coaching parental pour inverser la tendance. Malheureusement, tant que nous n'aurons pas contrôlé le facteur confondant de la génétique, nous n'aurons aucune assurance que ces politiques ont un réel effet (ou un effet sur les enfants en ayant le plus besoin, s'il s'agit du but recherché). Nous aurons dépensé du temps et de l'argent en vain, ce qui est bien dommage car comme le dit la généticienne du comportement Kathryn Page Harden :

> « La volonté politique et les ressources dont nous disposons pour améliorer la vie des gens ne sont pas infinies ; nous ne pouvons pas

nous permettre de gaspiller du temps et de l'argent dans des solutions vouées à l'échec[39]. »

L'exemple des problèmes de lecture n'est d'ailleurs pas fictif comme le rappelle cette chercheuse : il existe réellement une corrélation entre les problèmes de lecture des enfants et le nombre de mots auquel ils sont exposés au début de leur vie[121]. Un lien de causalité se cache-t-il derrière cette corrélation ? Très difficile à dire. Mais cela n'a pas empêché des programmes gouvernementaux et des fondations à plusieurs millions de dollars d'être lancés aux États-Unis pour résoudre ce problème par des interventions environnementales similaires à celles citées ci-dessus[122,123].

Certaines études indiquent même que moins de 10 % des interventions visant à augmenter le niveau d'éducation fonctionnent réellement[124]. Moins de 10 % ! Et lorsque ces interventions sont efficaces, elles ne le sont que peu[125]. Pourquoi ? Personne ne le sait vraiment. Mais il est certain que le facteur génétique doit figurer en bonne place dans la liste des suspects. Il est de la responsabilité des chercheurs de ne pas vendre du rêve sur ces sujets[126]. S'il est compréhensible qu'ils désirent que leurs travaux servent à quelque chose, il est nécessaire de s'assurer que ceux-ci permettent réellement de tirer des conclusions en matière de causalité. Actuellement, c'est souvent loin d'être le cas.

J'ajouterais pour les étudiants ou chercheurs en sciences sociales qui me lisent qu'il ne faut pas se sentir le moins du monde menacé par la recherche en génétique du comportement. D'abord parce que comme cela devrait être clair maintenant, le génétique n'empêche pas le social : les explications ne sont pas un jeu à somme nulle. Mais également parce que les études en génétique ne vont pas faire perdre du pouvoir explicatif aux sciences sociales mais leur en faire gagner. Elles vont en effet permettre de se débarrasser d'un facteur confondant empêchant depuis des décennies de tirer des conclusions claires sur les causes des comportements. Comme l'exprime Kathryn Page Harden :

« Les données génétiques permettent d'*éliminer* une source de différences humaines afin de mieux percevoir l'environnement[39]. »

Voilà ce qu'il faut voir en premier dans les études génétiques. « Génétique du comportement » ne doit pas faire penser à « eugénisme », « déterminisme », « impérialisme » ou « réductionnisme », mais à « variable contrôle permettant de faire des inférences correctes sur les causes des comportements ». La génétique n'est pas l'ennemie des sciences sociales mais son alliée, comme le démontrent les sociologues ayant ajouté les méthodes de cette discipline à leur boîte à outils ces dernières années. Par exemple, le récemment créé Réseau Européen pour une Génétique des Sciences Sociales (ESSGN) revendique d' « incorporer les données de la génétique pour améliorer notre compréhension de questions séculaires en sciences sociales[127,128] ». N'hésitez pas à vous rapprocher de ces réseaux si vous débutez des études dans ce domaine (tiens, le site web de l'ESSGN propose treize bourses de thèse dans toute l'Europe à l'heure où j'écris ces lignes...).

Voilà à quoi peut servir de façon très concrète et dès demain la recherche en biologie du comportement humain. À cesser de gaspiller notre argent et notre énergie dans des politiques publiques inefficaces. De façon générale, ces recherches sont importantes pour les progressistes se caractérisant par un désir de changer le monde car pour ce faire, ils auront forcément besoin de comprendre comment il fonctionne[51]. Francis Bacon a résumé cette idée de la façon la plus concise et élégante qui soit :

« On ne commande à la nature qu'en lui obéissant[129]. »

Autrement dit, si la nature (au sens large et incluant les sociétés humaines) vous dérange, si vous souhaitez la changer, la meilleure chose à faire est de commencer par comprendre comment elle fonctionne, car ce n'est qu'en obéissant à ses lois que vous y parviendrez. Les seuls qui ne devraient trouver aucun intérêt à cette entreprise sont ceux qui, précisément, souhaitent que rien ne change : les conservateurs.

3.4. LUTTE CONTRE L'IDÉE DE MÉRITE

Les milieux progressistes insistent souvent pour faire remarquer que personne ne mérite vraiment son succès. Les *self-made wo·men* qui croient ne le devoir qu'à eux-mêmes ne se rendraient pas compte de tout ce qu'ils doivent à la société : personne n'est réellement *self*-made. À l'opposé, les entrepreneurs préfèrent mettre en avant comme clé de leur réussite leur force de travail, leur abnégation, leurs sacrifices, leur prise de risque et leur intelligence. « Même si la société m'a aidé, j'ai quand même dû me lever chaque matin pour aller travailler et me mettre des coups de pied au cul les jours où d'autres seraient restés sur leur canapé. »

Vous vous attendez peut-être à ce que je contredise ces personnes à coups de citations de Hume ou de Darwin. Loin de moi cette idée. Je suis au contraire parfaitement d'accord avec elles : leur succès est bien en partie dû à leurs qualités intrinsèques. Néanmoins, j'aimerais faire remarquer que ces qualités ne sont rien d'autre que le produit de gènes et d'environnements. D'environnements, cela n'étonnera personne. Même les plus fervents adeptes du concept de mérite reconnaissent généralement que leur succès est en partie dû à leur éducation, à leurs rencontres, à une citation de Sylvester Stallone les ayant inspirés. Mais il est moins souvent apprécié que les qualités cognitives dépendent aussi des gènes. Pourtant, chaque aspect de nos psychologies, et même de nos vies, est en partie déterminé par eux. Le caractère et la personnalité ? En partie déterminés par des gènes. Le bien-être dans la vie ? En partie déterminé par des gènes. L'âge au premier rapport sexuel ? En partie déterminé par des gènes. La probabilité de faire une dépression ? En partie déterminée par des gènes. Le salaire au premier emploi ? En partie déterminé par des gènes. L'intelligence et le niveau d'études ? Nous venons de le voir : en partie déterminés par des gènes[115-118]. Enfin, toutes les qualités prisées des *self-made wo·men*, la ténacité, la prise de risque, l'abnégation et même la capacité à lever son cul du canapé sont en partie déterminés par des gènes[A]. En y réfléchissant, comment pourrait-il en être autrement ? Tout ce que nous accomplissons dans la vie est réalisé avec un corps et un cerveau, tas de matière construits par des gènes. Dès lors, peu étonnant que chaque aspect de nos vies soit en partie influencé par des séquences d'ADN (même si cette influence peut être très indirecte, voir annexe II p. 148). Si cette information a du mal à diffuser dans le grand public, cela fait vingt ans qu'elle fait consensus chez les experts du domaine, où elle est même nommée « première loi de la génétique comportementale[130] ». Tous les traits comportementaux sont influencés par des gènes.

A. Attention ici à ne pas adopter une vision naïve des relations gènes-comportements : pas besoin de supposer l'existence de gènes ayant évolué *spécifiquement* pour nous aider à nous lever du canapé : des gènes impliqués dans des capacités cognitives plus générales telles que la motivation sociale suffisent amplement. De la même façon, je ne suggère aucunement qu'il existe un gène codant pour le salaire au premier emploi, un autre codant pour l'âge au premier rapport sexuel, etc. Des gènes codant pour des caractéristiques psychologiques (et non comportementales) générales influençant indirectement les comportements suffisent amplement.

Pour en revenir aux entrepreneurs, je n'irais donc pas leur disputer que leur succès est en partie dû à leurs qualités intrinsèques. Néanmoins, n'oublions pas que ces qualités sont le produit de deux choses et deux choses uniquement : un environnement et des gènes. Vous devez voir où je veux en venir : *on ne mérite pas ses gènes plus que l'environnement dans lequel on a eu la chance (ou la malchance) de naître.* Notre succès dans la vie ne nous est pas tombé tout seul dessus et nous avons bien dû travailler pour l'obtenir, mais *toutes les capacités cognitives que nous avons mobilisées à cet effet sont la conséquence de gènes et d'environnements que nous n'avons rien fait pour mériter.* N'en déplaise aux coachs en liberté financière et aux sportifs d'exception, personne ne mérite son succès. Cristiano Ronaldo et tant d'autres ont tort d'affirmer à qui veut l'entendre qu'avec du travail et de l'acharnement, il est possible de devenir ce que l'on veut. La carrière du footballeur portugais aurait été bien différente non seulement s'il avait fait ses premiers pas en Somalie plutôt qu'au Portugal mais également s'il était né dans la même ville avec des allèles différents. Son physique comme sa mentalité de champion sont sous l'influence d'allèles n'ayant pas été mérités. Le succès est bien une affaire de chance.

Au final, puisque le mérite est un concept souvent opposé aux tentatives de redistribution des richesses des progressistes, il est très facile de comprendre en quoi la biologie pourrait être leur alliée sur ce sujet. Tant que les progressistes continueront d'affirmer que le succès des riches est entièrement dû à leur environnement, ceux-ci pourront rétorquer que leurs qualités intrinsèques ont aussi été importantes. Et ils auront parfaitement raison. Le seul moyen de faire sauter ce dernier bastion du mérite est de reconnaître que le succès est effectivement dû à des qualités intrinsèques, mais d'ajouter dans la foulée que celles-ci sont le produit d'environnements *et* de gènes non mérités. La génétique ainsi interprétée peut donc très bien conduire à accepter de payer nos impôts avec le sourire et à taxer massivement les bénéfices de ceux ayant réussi sans éprouver aucune culpabilité. Qu'on ne vienne plus me dire que la biologie du comportement est un truc de droite !

Le même genre de considérations explique pourquoi je suis souvent perplexe devant l'insistance de certains progressistes à vouloir se battre avec les personnes racistes sur le terrain des faits, en rejetant par exemple toute origine génétique aux différences cognitives entre populations. Imaginons un instant que les racistes aient raison et que les personnes à la peau noire possèdent des versions de gènes les rendant naturellement moins intelligentes. Ou plutôt non, pour changer, et puisque cela ne change rien à ma démonstration, imaginons que les personnes à la peau blanche aient des versions de gènes les rendant moins intelligentes. Plaçons-nous même dans le pire des cas : *toutes* les personnes à la peau blanche *sans exception* sont moins intelligentes (ce n'est pas qu'une histoire de probabilité), les différences sont très importantes (plus de vingt points de QI), non-résorbables par des modifications d'environnement, et les mécanismes sont connus (leur cerveau n'est pas câblé de la même façon). Que conclure de tout cela pour la politique ? Faudrait-il immédiatement devenir raciste contre les blancs ?

Évidemment que non. Ces informations ne changeraient rien au fait que ces humains n'auraient rien fait pour mériter leurs allèles, obtenus par hasard à la grande loterie génétique de la vie. Aux auditeurs de la radio RFM est rappelé de (trop) nombreuses fois par jour qu'on ne choisit pas les trottoirs de Manille, de Paris ou d'Alger pour apprendre à marcher, mais on ne choisit pas plus l'allèle xb31a, ne55c ou blv84d pour passer un test de QI. Reprocher à quelqu'un ses allèles est équivalent à le blâmer pour n'avoir pas obtenu les bons numéros au loto. Depuis quand punit-on les malchanceux ?

De plus, si les personnes racistes avaient un tant soit peu de recul sur ces questions, elles réaliseraient que la loterie génétique les a elles-mêmes sûrement défavorisées sur certains aspects, car il est peu probable de se trouver systématiquement du bon côté de la fortune. Si elles n'en ont pas conscience, c'est en partie parce qu'il n'existe pas de suprémacistes noirs n'ayant trouvé de meilleure occupation à leur vie que de chercher les défauts génétiques des blancs pour leur agiter en permanence sous le nez. Voilà pourquoi je trouve les tentatives de lutte contre le racisme sur le terrain des faits déplacées. Les racistes ont un problème de tolérance avant tout, pas un problème de connaissance. Rappelons-nous l'interrogation de Chomsky : en ce qui concerne les origines des comportements, en quoi les réponses à ces questions ont-elles un rapport avec les pratiques sociales dans une société décente ?

Voilà donc une nouvelle façon pour la biologie de contribuer au progrès social : l'idée de loterie génétique est très puissante pour saper le concept de mérite sur lequel s'appuient de nombreuses politiques discriminatoires ou s'opposant à la redistribution des richesses[A]. Darwin lui-même sembla un jour s'approcher de ces idées lorsqu'il griffonna dans ses carnets, après avoir réfléchi à la question du déterminisme :

A. Attention, cela ne veut pas dire non plus que la disparition du concept de mérite n'aurait que des conséquences positives (voir section 4.1).

« Cette vue devrait inspirer une humilité profonde, personne ne mérite de crédit pour quoi que ce soit[131]. »

3.5. LUTTE CONTRE L'ENVIE DE CHANGER L'AUTRE À TOUT PRIX

Pour comprendre ce que peuvent apporter les recherches en biologie du comportement en matière de progrès social, il est intéressant de réfléchir à ce qu'il se passerait si elles n'existaient pas. Mettons-les donc un instant à la poubelle. Que reste-t-il dans nos bibliothèques ? Non pas un trou béant ou l'intégrale des bidochons, mais les théories donnant au social le rôle principal pour expliquer les comportements. Or ces théories ne sont pas neutres d'un point de vue politique. Plus exactement, ceux qui ne manquent pas d'imagination pour concevoir des dérives politiques aux théories biologiques ne devraient pas non plus trop forcer pour trouver des inconvénients aux théories sociales. L'un des plus évidents étant de se mettre à penser qu'il est possible de modifier tout comportement à sa guise[65].

Les thérapies de conversion des homosexuels sont un exemple classique. Pendant une grande partie du XXe siècle, des organisations ont cherché à changer l'orientation sexuelle des homosexuels au prétexte que celle-ci ne serait qu'un choix ou le résultat de l'internalisation de pressions sociales. Des méthodes « douces » (la recommandation de se faire beaucoup d'amis du sexe opposé) comme très violentes (chocs électriques ou lobotomie) ont été employées[132]. J'écris « au XXe siècle » mais ces pratiques ne sont toujours pas terminées. En 2014, le président de l'Ouganda promulguait une loi pour durcir les peines contre l'homosexualité, persuadé de ses origines, je cite, « comportementales, pas génétiques[133,134] »[B]. L'arrêt de ces pratiques est également tout récent aux États-Unis où pendant quarante ans une organisation a essayé différentes méthodes de conversion avant de se résoudre à fermer en 2012 devant

B.   Vous devez maintenant être suffisamment calés en biologie du comportement pour vous rendre compte que cette phrase n'a pas vraiment de sens, mais vous comprenez ce qu'il voulait dire.

ses échecs à répétition, s'excusant au passage pour toute la douleur et les souffrances causées[135].

Face à ces différents abus, la biologie peut voler à notre secours en rappelant que les orientations sexuelles ne sont pas des choix ni le résultat d'une socialisation mais en (grande) partie déterminées biologiquement[134,136-140]. Cette affirmation vous surprendra peut-être car il s'agit d'un autre sujet tabou en France (tout du moins, souvent abordé par le prisme émotionnel plutôt que scientifique). Néanmoins, les revues sur le sujet semblent formelles : l'homosexualité a bien des bases biologiques (ce qui devrait beaucoup moins vous étonner maintenant que vous savez que tous les aspects de notre vie sont en partie déterminés par des gènes.). De plus, sachez que les recherches de « gènes de l'homosexualité » ont été accueillies à bras ouverts par des associations de défense des droits des LGBTs qui se servent du caractère « naturel » de cette orientation pour la légitimer[141]. C'est l'argument du « born this way » (« je suis né ainsi ») que connaissent bien les admirateurs de Lady Gaga. Certaines études montrent même que les personnes acceptant les bases génétiques de l'homosexualité ont en général *plus* tendance à défendre les droits des LGBTs[142,143].

De mon côté, je ne souhaite pas suggérer qu'il s'agit de la meilleure manière de les faire valoir. Nous sommes en effet à nouveau en présence d'un paralogisme naturaliste (affirmation que « ce qui est naturel est bon »), qui reste toujours fondamentalement une erreur de raisonnement. Néanmoins, cet exemple montre bien que les théories et résultats en biologie peuvent tout aussi bien être utilisés pour défendre les minorités que pour les opprimer. Les recherches en génétique sont non seulement utiles pour s'opposer aux théories du tout-culturel donnant l'impression qu'on peut transformer les humains indéfiniment, mais également pour « normaliser », c'est-à-dire montrer que certains comportements pointés du doigt font en réalité partie du catalogue de comportements typiques de l'espèce humaine.

Cet exemple montre également que les chercheurs ne pourront jamais éviter les récupérations de leurs travaux. Annoncez que des gènes sont responsables de l'homosexualité et certains se serviront de cette information pour repérer et discriminer plus facilement les homosexuels. Mais révélez que cette orientation n'est due qu'à une socialisation particulière et d'autres en profiteront pour se lancer dans des thérapies de conversion. Comme l'exprime le neuroscientifique Franck Ramus :

« Quoi [que les chercheurs] trouvent, certains s'en serviront pour faire avancer leur propre programme idéologique[65]. »

Une nouvelle fois, l'intolérance précède donc la connaissance. Ceux qui souhaitent discriminer trouveront toujours dans la science des justifications ou des moyens techniques pour les y aider. Il semble donc vain de pointer du doigt l'irresponsabilité de ces recherches. Lutter sur le terrain moral semble plus approprié : rappelons que le fait d'aimer un humain du même sexe n'est pas une faute morale, que ce principe est inattaquable par la science et qu'il est indépendant de ce que l'on sait (ou pourrait découvrir dans le futur) des bases biologiques de l'homosexualité. Il n'y a pas que l'intolérance qui précède la connaissance : la tolérance peut (et doit) prendre les devants.

3.6. LUTTE CONTRE CERTAINES FORMES DE TOTALITARISME

Que vous évoque le concept de « nature humaine » ? Rien ? Tant mieux. Chez les critiques de la biologie du comportement, l'anathème a été jeté dessus depuis longtemps. Ce concept n'apporterait que du négatif en établissant une frontière artificielle entre certains comportements à encourager (car dans la nature) et d'autres « contre-nature ». La nature humaine servirait donc principalement à exclure, diviser, rejeter. Comme l'exprime la philosophe Maria Kronfeldner :

> « Le concept vernaculaire de nature humaine a un côté obscur, la déshumanisation, qui est à éviter. La nature humaine est un concept vicieux en ce sens[144]. »

Pourtant, ce concept n'a pas que des inconvénients. Laissez-moi vous raconter une anecdote historique pour illustrer cela.

Nous sommes en 1976, un an après la sortie du livre *Sociobiology*, le livre fondateur de la discipline éponyme ayant fait scandale pour avoir suggéré que le comportement humain pouvait s'expliquer à la lumière de la théorie de l'évolution[69]. Pour combattre cette discipline naissante, des chercheurs et militants se regroupent sur les campus d'universités. L'un de ces collectifs, modestement intitulé « groupe d'étude de la sociobiologie pour la science et pour le peuple », décide d'inviter un des intellectuels de gauche les plus renommés de l'époque en la personne de Noam Chomsky. Nous avons déjà rencontré ce personnage plus haut dans ce livre : il s'agit d'une figure de la gauche radicale très engagée, notamment contre la guerre au Vietnam. L'espoir est donc qu'un cador de la gauche critique comme lui ne fasse qu'une bouchée de cette discipline scientifique soit-disant raciste et sexiste, la sociobiologie. Le jour de sa venue, la salle de conférence est pleine à craquer. La tension est palpable et le public se délecte à l'avance de la curée qui va suivre. Mais à la surprise générale, Chomsky monte sur scène pour affirmer qu'il ne donnera pas dans le *bashing* attendu : pour lui, la discipline est même potentiellement utile aux progressistes. Pourquoi ? Parce que pour créer de meilleures sociétés, nous avons besoin d'une vision claire de la nature humaine. Sans cela, non seulement nous ne saurons pas comment subvenir aux besoins et aux aspirations de tous, mais de façon plus préoccupante, des régimes totalitaires pourraient se lancer dans des grands chantiers d'ingénierie sociale pour transformer le peuple au prétexte qu'il ne possède pas de nature. Comme il l'écrira lui-même plus tard :

> « Si les gens sont, en fait, malléables et plastiques sans aucune nature psychologique essentielle, pourquoi ne pourraient-ils pas être contrôlés et forcés par ceux qui se réclament d'une autorité, d'une connaissance spéciale, et d'une vision unique de ce qui est le mieux pour les moins éclairés[145] ? »

Si cet argument fait mouche, c'est qu'il semble bien s'appliquer aux régimes totalitaires d'URSS et d'Asie du XXᵉ siècle : Russie de Staline, Cambodge de Pol Pot, Chine de Mao Zedong... Ces régimes se réclamaient parfois de courants de pensée méfiants du concept de nature humaine. Marx a par exemple écrit que « l'Histoire toute entière n'est qu'une transformation continue de la nature humaine[146] », et s'il est possible d'interpréter cet aphorisme de différentes manières, il est facile de comprendre pourquoi certains l'auront envisagé comme l'affirmation d'une absence totale de nature humaine.

Et c'est ici que commencent les problèmes. Lorsque vous pensez que la nature humaine n'existe pas et que les conditions sociales façonnent intégralement l'humain, vous pouvez avoir tendance à vous engager dans des grands chantiers d'ingénierie sociale afin de changer le peuple contre son gré[147][147,A]. L'écrivain russe Maxime Gorki, proche de Lénine, dira par exemple que « les classes ouvrières sont pour Lénine ce que le minerai est pour le métallurgiste[148] », c'est-à-dire de la matière première à façonner. La même idée se retrouve chez Mao Zedong lorsqu'il soutient que « c'est sur une page blanche que s'écrivent les plus beaux poèmes[149] ». L'idée de base de tous ces régimes totalitaires de gauche est de créer un homme nouveau non-individualiste[150]. Et il n'est probablement pas inutile de rappeler que tous sans exception ont conduit à des catastrophes en termes de destruction de vies humaines. Même si ces massacres n'ont pas inspiré Hollywood autant que ceux du troisième Reich, et même si beaucoup d'intellectuels de gauche ont eu tendance à fermer les yeux dessus, ces idéologies ont bien à leur actif, comme le régime nazi, la destruction de millions de vies humaines[151].

Ainsi, *affirmer que l'humain n'a pas de nature et n'est que le produit de conditions sociales peut être aussi dangereux qu'affirmer l'existence d'une nature s'enracinant dans la biologie.* Voilà ce que voulait dire Noam Chomsky lors de sa conférence.

Dans un sens, il est tout à fait remarquable que les théories génétiques soient plus souvent pointées du doigt par les progressistes que les théories sociologiques. Imaginez-vous dictateur ou dictatrice dans une lointaine galaxie. Vous souhaitez coloniser une nouvelle planète pour transformer ses habitants en une armée docile, et chargez votre bras droit de trouver la candidate idéale. Quelques temps après, celui-ci revient avec deux propositions : une planète où les gens sont facilement malléables par modification de leur environnement et une autre où leur génétique s'oppose en partie à ces tentatives de changements. Quelle planète allez-vous privilégier pour réaliser vos sombres desseins ? Sans aucun doute la première. Dans ce sens, les théories sociales sont bien plus dangereuses que les génétiques[B].

A. D'une certaine façon, il s'agit de la même pulsion que celle poussant à vouloir convertir les homosexuels, mais organisée par l'État à l'échelle d'une nation entière.

B. Mais alors pourquoi tant de progressistes ont-ils plus peur de ces dernières ? Est-ce simplement la forte impression qu'a laissée la catastrophe nazie sur nos mémoires ? Il s'agit d'une possibilité. Une autre explication plus psychologique qu'historique serait que les progressistes ont un biais les faisant seulement considérer les aspects positifs des théories environnementales. Ces oeillères ne s'appliqueraient pas aux théories génétiques parce que dans l'état actuel des connaissances, la génétique procure ses effets bénéfiques avant tout en s'opposant au changement : en recommandant de ne *pas* convertir les homosexuels par exemple. Ainsi, il faudrait accepter que ce n'est pas le changement en soi qui est désirable mais celui allant *dans la bonne direction.* Dans certains cas, il serait préférable de ne pas toucher à la nature, mais cela reviendrait à se déclarer... conservateur sur certains sujets ! Vous imaginez la difficulté pour un cerveau progressiste.

Vu sous un angle différent, nier l'existence d'une nature n'est pas équivalent à la faire disparaître mais simplement à affirmer son caractère hautement malléable. Comme toute vision de la nature, celle-ci est potentiellement dangereuse et pourrait servir de base à des politiques intolérantes. Ce n'est donc pas du concept de nature en soi qu'il faut se méfier mais de son *contenu*. La nature peut servir à exclure et déshumaniser comme à rassembler[A].

Quand bien même la nature humaine serait entièrement et profondément répugnante, il serait possible de se servir de son étude pour prendre nos distances avec elle. Charles Darwin et John Stuart Mill ont essayé de s'opposer au spencérisme sur la base de tels arguments. Darwin écrit qu'

> « il y a trop de misère dans le monde. Je ne peux pas me convaincre qu'un Dieu bienfaisant et omnipotent aurait créé les guêpes Ichneumon avec l'intention expresse qu'elles se nourrissent des entrailles de chenilles[152,B]. »

Son défenseur Thomas Henry Huxley reprend cet argument en 1894 :

> « Comprenons, une fois pour toutes, que le progrès éthique de la société ne se fera pas en imitant le processus cosmique, encore moins en essayant de lui échapper, mais en le combattant[153]. »

John Stuart Mill avait la même analyse :

> « S'il existe des marques d'un dessein particulier dans la création, l'une des plus évidentes est qu'une grande partie des animaux doit passer son existence à tourmenter et dévorer d'autres animaux[57]. »

Par conséquent, pour Mill, « la Nature est un schéma destiné à être amendé, pas imité ».

Mais la nature n'est bien sûr pas complètement abjecte. La science moderne insiste sur la quantité de coopération qu'on y retrouve à tous les niveaux : moléculaire, cellulaire, tissulaire, individuel, interindivi-

---

A.   Même si je ne les ai pas abordées sous cet angle, les recherches sur les bases biologiques de l'homosexualité étaient déjà un exemple d'utilisation positive du concept de nature. Montrer que l'homosexualité fait partie de la palette de comportements attendus et typiques de notre espèce, c'est précisément montrer que celle-ci est dans la nature humaine.

B.   Ces guêpes pondent en effet leurs œufs dans des larves dans lesquelles ils se développent ensuite.

duel et inter-espèce, des plus petits organismes (bactéries, lichens...) aux plus grands. L'inspection de la nature peut donc parfois conduire à recommander de l'imiter. Au début du XXᵉ siècle, l'anarchiste Pierre Kropotkine utilise ses connaissances en biologie pour justifier la solidarité entre humains. Dans son bien nommé ouvrage *L'entr'aide, un facteur de l'évolution*, il s'insurge de la cécité de ses contemporains :

> « [...] Un certain nombre d'évolutionnistes, qui ne peuvent refuser d'admettre l'importance de l'entr'aide chez les animaux, refusent, comme l'a fait Herbert Spencer, de l'admettre chez l'homme. Chez l'homme primitif, soutiennent-ils, la guerre de chacun contre tous était la loi de la vie. J'examinerai, dans les chapitres consacrés aux Sauvages et aux Barbares, jusqu'à quel point cette affirmation, qui a été trop complaisamment répétée, sans critique suffisante, depuis Hobbes, est confirmée par ce que nous savons des périodes primitives du développement humain[154]. »

En France à la même époque, le journaliste et anarchiste Émile Gautier essaie de remplacer le slogan de la « lutte pour la survie » par « l'entraide pour la survie[155] ». Selon lui, ceux qui souhaitent vraiment imiter la nature devraient commencer par mettre en place des politiques d'entraide plutôt que du laisser-faire. Jusque dans la deuxième moitié du XXᵉ siècle des scientifiques continuent de se servir de la biologie comme d'une arme contre les idées conservatrices. Robert Trivers, un des plus grands biologistes de l'évolution du XXᵉ siècle, a par exemple reconnu que ses théories sur la réciprocité lui apportaient un certain réconfort à l'idée qu'elles puissent servir à lutter contre la conception de la « loi du plus fort[156] »[c]. La biologie peut donc tout à fait soutenir des idées progressistes.

Comme l'expriment les sociologues et philosophes Barry Barnes et John Dupré, si la biologie du comportement a été associée dans le passé à des politiques réactionnaires, c'est que les sociétés du passé *étaient* réactionnaires, et se servaient des connaissances à leur disposition à cet effet. Si les sociétés d'aujourd'hui sont plus progressistes et continuent de l'être, la biologie du comportement ne devrait pas se mettre à poser de problèmes particuliers :

C.   Alternativement, il est possible de conserver le concept de « loi du plus fort » tout en faisant remarquer que souvent, l'union fait la force. L'abondance de coopération dans le monde vivant ne remet pas en question le principe du « gène égoïste » : l'entraide est tout simplement souvent le meilleur moyen pour des gènes de survivre.

« Ce sont [nos sociétés] qui sont devenues moins conservatrices et hiérarchiques, et les supposées implications changeantes de notre science sont des changements dans ce que nous en faisons plus que des changements dans "la science elle-même"[157]. »

Je pense qu'il n'y a pas de meilleur moyen d'illustrer une dernière fois toute l'ambivalence de ces recherches qu'en réinsistant sur les exemples du régime nazi et de l'URSS. Il est remarquable que deux des plus grandes catastrophes morales du XXe siècle furent motivées par des idéologies faisant des affirmations diamétralement opposées sur la nature humaine. Le troisième Reich défendait l'existence d'une nature humaine véritable seulement possédée par une poignée d'élus (la race aryenne) quand l'URSS proclamait l'absence de nature et voyait les humains comme des amas de glaise à façonner à sa guise. Des théories diamétralement opposées d'un point de vue scientifique, les mêmes conséquences en terme de destructions de vies humaines.

3.7. LUTTE CONTRE LE RELATIVISME

« Tu ne peux pas leur reprocher ce comportement,
c'est dans leur culture ! »

Avez-vous déjà entendu cette affirmation ? Elle illustre ce qu'on appelle le « relativisme culturel », l'idée que la culture offrirait un passe-droit à certains comportements pourtant critiquables. Même si en pratique le relativisme ne permet pas de *tout* justifier, chacun possédant une limite à l'acceptable, il contribue à placer celle-ci suffisamment haut pour permettre à des coutumes fortement discutables de subsister.

Ainsi, l'excision est une pratique faisant toujours partie de la culture et des traditions de nombreux pays. On pourrait donc être tentés de la défendre pour cette raison. Pourtant, si en ouvrant votre journal le dimanche matin vous découvriez que quelqu'un en France avait maintenu au sol une petite fille pour lui couper les parties génitales et les recoudre en ne laissant qu'un trou pour permettre à l'urine et les règles de s'échapper, un frisson vous parcourerait immédiatement l'échine. Dès lors, pourquoi lorsque cette coutume est pratiquée par des millions de personnes et depuis des centaines d'années, cette étendue et ancienneté de pratique lui offrent un vernis de respectabilité plutôt que de nous la rendre plus détestable encore[5] ? Tout tolérer est trop tolérer, rien n'a changé depuis Molière :

> « Sur quelque préférence une estime se fonde,
> Et c'est n'estimer rien qu'estimer tout le monde[158]. »

Soit. Mais quel rapport avec la biologie du comportement ? Le rapport, c'est que ce passe-droit accordé à la culture est lié à la vision de comportements internalisés socialement. Lorsque vous pensez que tout ce que les humains font, aiment ou trouvent moral de faire est le résultat d'une socialisation, vous n'avez plus de légitimité pour expliquer aux autres ce qu'ils doivent faire, car votre socialisation ne vaut pas mieux que la leur. L'appel à des principes supérieurs permettant de juger de la moralité d'une pratique sera vain car ces mêmes principes pourront toujours être remis en question. Vous aurez beau avancer qu'ils trouvent leurs racines dans la Raison, certains auteurs vous répondront que celle-ci n'est apparue qu'au XVIIe siècle et ne constitue que l'expression d'une « masculinisation de la pensée[159] ». Vous aurez beau avancer que ces principes viennent de l'utilitarisme, une doctrine universelle visant au bonheur du plus grand nombre, on vous répondra que l'utilitarisme n'a rien d'universel et n'est que la création de la bourgeoisie anglaise du XIXe siècle.

L'idée de comportements internalisés socialement est donc connectée au relativisme culturel, qui peut conduire à tolérer des tragédies morales. Comme l'exprime le psychologue Steven Pinker :

> « Si les préférences exprimées par les gens étaient juste une sorte d'inscription effaçable ou du brainwashing reprogrammable, n'importe quelle atrocité pourrait être justifiée[160]. »

Ces craintes sont loin d'être fictives. Pendant la guerre du Vietnam, un général américain justifiait les atrocités commises contre les populations autochtones en ces termes :

> « L'oriental ne donne pas la même valeur élevée à la vie comme le fait l'occidental. La vie est abondante, la vie est bon marché en orient, et comme la philosophie de l'orient l'exprime, la vie n'est pas importante[161]. »

Dans ces moments-là, la biologie peut voler à notre secours en réaffirmant qu'il est dans la nature humaine de ne pas aimer se faire oppresser, agresser ou charcuter les parties génitales. *La nature humaine permet d'assoir les droits humains sur des bases non arbitraires*, en tout cas beaucoup moins arbitraires que ne permettra jamais de le faire la culture.

Les militants pour la cause animale reconnaîtront ici un argument familier, eux qui sont souvent confrontés à la question du *pourquoi* : pourquoi faudrait-il donner plus de droits aux autres espèces ? Une réponse courante est de faire remarquer qu'elles partagent avec nous une nature : celle d'être capable de ressentir des choses et de la douleur en particulier. Cet « argument de la sentience » est un parfait exemple d'utilisation du concept de nature pour lutter contre la discrimination (le spécisme en l'occurrence). L'accent est alors mis sur l'existence d'une nature animale et non seulement humaine mais le principe est le même. Voilà pourquoi même si je vous disais plus haut que l'idée de nature est repoussante pour un certain nombre de progressistes, elle est assez plaisante pour d'autres, qu'ils soient de gauche radicale comme Noam Chomsky ou de gauche libérale comme Peter Singer, défenseur célèbre de la cause animale[6].

Au final, l'idée de nature humaine n'est une fois de plus pas néfaste en soi et pas automatiquement associée à des politiques conservatrices. Ce n'est, précisément, que cela : une idée. Il est possible de s'en servir pour faire le bien comme le mal. Tout dépend de ce qui est mis dedans et de ce que l'on décide d'en faire : s'y opposer ou l'accepter. La méfiance de certains progressistes à son égard ne s'explique que par une focalisation (excessive) sur les moyens de l'utiliser à mauvais escient.

3.8. DÉCULPABILISATION

Nous avons vu au chapitre 1 que la mauvaise image de la génétique est en partie causée par une crainte de déresponsabilisation. Non seulement cette inquiétude est probablement exagérée (section 2.3), mais en plus la déresponsabilisation n'est pas forcément mauvaise quand elle prend la forme d'une *déculpabilisation*. Rejeter la responsabilité de ce qui nous arrive sur des gènes peut nous permettre de mieux nous sentir dans notre peau. Si l'on accorde à Friedrich Nietzsche que la liberté des humains n'est qu'une invention servant à les rendre coupables[162], l'inverse devrait aussi être vrai : remettre en question cette liberté devrait permettre de les déculpabiliser.

Prenons les parents que l'on a coutume de rendre responsables de tout ce qui arrive à leur progéniture. Si vous vous demandez pourquoi votre fille Bianca est douée à l'école quand Mathis ne ramène que des zéros, ou pourquoi Jules a un caractère de cochon quand Angélique est toujours la première à rire de vos plaisanteries, *alors que vous leur avez toujours donné la même éducation à tous*, ne sortez pas tout de suite le fouet pour vous flageller. Vos enfants sont certes le produit de votre éducation mais également de leurs gènes, sur lesquels vous n'avez aucun contrôle[A].

En matière de culpabilisation, comment passer sous silence les errements de la psychanalyse et son traitement de l'autisme en particulier ? Dans les années 1950-1960, les mères d'enfants autistes furent accusées d'avoir causé la condition de leur enfant en ne leur donnant pas assez d'affection[163,164]. Un petit mot était même consacré pour désigner ce défaut de chaleur affective : « mères réfrigérateurs », mot glaçant s'il en est. Nous pourrions ajouter d'autres tentatives de culpabilisation : les ordres contradictoires causant la schizophrénie, le manque de cadre causant l'anorexie, l'indifférence du père causant l'homosexualité[160]... Une nouvelle fois, la biologie peut venir jouer un rôle salvateur en rappelant que nous ne sommes jamais uniquement le produit de notre environnement social. Derrière chaque maladie, chaque trouble et chaque comportement se cachent toujours des gènes. La responsabilité de chaque personne sur ce qui arrive à son entourage est donc *forcément*, *toujours* limitée.

Le même raisonnement est évidemment valable pour votre propre parcours de vie ! Si vous avez l'impression d'avoir tout raté dans votre vie[B] ou d'avoir moins bien réussi que d'autres ayant fourni moins d'efforts, laissez votre dos tranquille. Le travail ne fait pas tout et la loterie génétique explique probablement en partie ces différences.

Enfin, tous ceux que l'on essaie de faire passer pour des « anomalies de la nature » bénéficieront évidemment aussi des effets déculpabilisants de la génétique, nous l'avons déjà évoqué en section 3.5.

Au final, les théories génétiques ne pavent pas plus la route de l'enfer que les théories environnementales ne sont placardées aux portes

---

A. Avant de conclure que leurs gènes sont responsables de ces différences, il faudrait en toute rigueur s'assurer que vous leur avez effectivement donné la même éducation, au-delà de votre ressenti : le simple ordre de naissance de vos enfants génère des différences (ne serait-ce que de force physique) susceptibles de vous faire interagir différemment avec chacun d'entre eux. De plus, il faudrait également s'assurer que leur environnement *extra*-familial est identique. Pour les chercheurs travaillant sur ces sujets, ces « détails » n'en sont plus vraiment.

B. Allons, allons, faut pas dire ça.

du paradis. Toutes peuvent être utilisées pour faire le bien comme le mal, et si nous effacions les théories génétiques d'un coup de baguette magique notre monde ne s'en porterait pas forcément mieux. Les théories du tout-environnemental s'accompagnent souvent d'une croyance dans la possibilité de modifier l'humain à sa guise. Elles sont un véhicule de relativisme culturel et poussent à la culpabilisation, effets pervers contre lesquels la biologie du comportement constitue l'antidote... naturel.

3.9. VERS DES SOCIÉTÉS PLUS ÉPANOUIES

Un peu plus haut, nous évoquions Noam Chomsky défendre que les recherches en biologie du comportement permettraient d'identifier les besoins humains. Mais avons-nous vraiment besoin d'elles pour cela ? Non si vous pensez aux besoins basiques en eau, nourriture, sommeil et chocolat. Mais oui si vous pensez de façon plus générale à *ce qui rend les gens heureux et épanouis*.

Illustrons cette idée avec la moindre représentation des femmes dans les métiers scientifiques et techniques (je ne suis plus à un exemple sensible près). Nous l'évoquions en début de livre, les femmes sont fortement sous-représentées en ingénierie, informatique, physique et de nombreux autres sous-domaines des sciences (voir figure 7)[165]. Cette sous-représentation est généralement attribuée à l'existence de stéréotypes sur leurs faibles compétences en maths, à leur mise entre les mains de poupées plutôt que de Meccanos pendant leur enfance, au manque de femmes scientifiques célèbres auxquelles s'identifier et à du sexisme et de la discrimination tout au long de leurs études et de leur carrière. En bref, la sous-représentation des femmes ne serait due qu'à des facteurs sociaux et environnementaux.

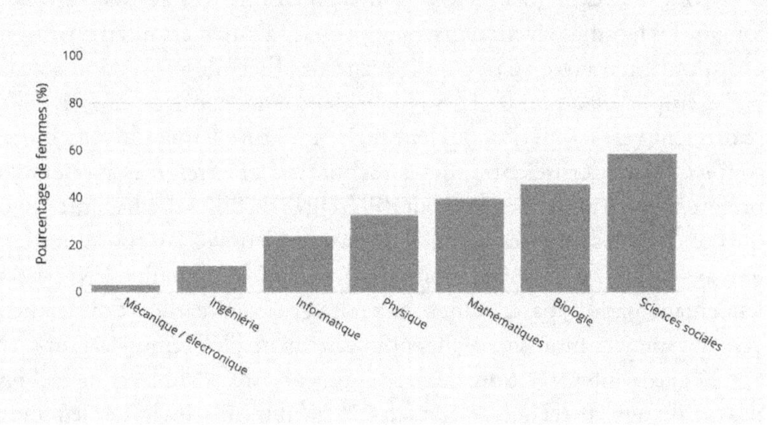

Figure 7.   Pourcentage de femmes dans différents domaines professionnels. Données USA, 2012[165].

Tous ces facteurs font très probablement partie de l'explication. Par exemple, les femmes sont toujours moins créditées que les hommes pour leur travail scientifique en 2022[166], et arrivent mieux à obtenir certains postes scientifiques lorsque les candidatures sont anonymisées[167]. Des discriminations (conscientes ou non) existent donc bien et toute politique visant à les réduire est bonne à prendre. Néanmoins, ces explications sociales ne doivent pas nous empêcher d'envisager d'autres hypothèses et notamment qu'hommes et femmes pourraient avoir des préférences naturelles[A] différentes en matière d'activités et de métiers.

En fait, nous avons déjà de bonnes raisons de penser que des explications biologiques pourraient être pertinentes[18,21]. Ne pouvant faire le tour du sujet, je ne vous en donnerai qu'une : les pays les plus avancés du point de vue de l'égalité des sexes sont ceux présentant le *moins* de femmes en filières scientifiques et techniques[168,169]. Vous avez bien lu : dans les pays où les droits des femmes sont les plus avancés (comme en Finlande, en Suède ou en Norvège), *moins* de femmes choisissent de faire des maths, de la science ou de l'ingénierie. Et impossible d'accuser les chercheurs derrière ces études d'être sexistes puisqu'ils montrent dans le même temps que généralement, les femmes sont aussi fortes que les hommes dans ces domaines !

A.   Bien essayé, mais non : le mot « naturel » ne transporte toujours pas chez moi de connotation de valeur ou d'impossibilité de changement.

Comment expliquer cela ? Une interprétation possible est la suivante : lorsque les femmes vivent dans un pays où le salaire n'est pas trop important pour bien vivre (parce qu'il existe des filets de protection sociale par exemple) et qu'on les laisse libres dans leurs choix de carrière, elles se dirigent vers les métiers qui leur plaisent naturellement le plus, qui ne sont *pas* les métiers scientifiques et techniques[A]. Les femmes auraient des préférences naturelles légèrement différentes de celles des hommes en ce qui concerne les activités auxquelles consacrer leur vie. Au contraire, dans les pays où leurs droits sont moins avancés et où leur qualité de vie (voire leur émancipation) passe avant tout par un gros salaire, elles se dirigeraient vers des métiers moins plaisants pour elles mais plus rémunérateurs.

D'autres interprétations de ce phénomène sont possibles et ne cachons pas qu'il s'agit de recherche en cours[170]. Néanmoins, imaginez le renversement de perspective si cette interprétation est correcte. La sous-représentation des femmes dans les filières scientifiques ne devrait plus être considérée comme un indicateur de discrimination mais de bien-être social, un indicateur que les femmes vivent dans un pays où, pardonnez-moi l'expression, on leur fout la paix[171] ! Pour dire les choses autrement, si cette interprétation est correcte, au fur et à mesure de la diminution des discriminations faites aux femmes dans les années à venir, nous n'allons pas observer une augmentation de leur représentation dans les filières scientifiques mais une diminution.

A.   Attention, subtilité très importante : les femmes sont en réalité surreprésentées, parfois dans des proportions écrasantes, dans certains domaines des sciences tels que la biologie, les sciences sociales ou la médecine. Ainsi, il est faux d'affirmer que les métiers scientifiques ne plaisent pas aux femmes. Il s'agit au mieux d'une généralisation abusive empêchant une analyse plus fine et réaliste de la situation. La question suivante est évidemment de se demander pourquoi certains domaines plaisent et d'autres non. Le sujet étudié par ces sciences est une piste plausible. La question importante à se poser pour comprendre la répartition des sexes ne serait pas « cette filière est-elle une science ? » mais « quel type de sujet cette science étudie-t-elle ? »[168,169] : l'animé plutôt que l'inanimé, le vivant plutôt que l'inerte, le social plutôt que l'individuel, le macroscopique plutôt que le microscopique, le concret plutôt que l'abstrait, etc... Les débats sur les facteurs précis importants sont loin d'être terminés mais nous pouvons d'ores et déjà envisager comment de petites différences de préférences individuelles sur de telles échelles pourraient entraîner, au niveau macroscopique, des variations plus importantes en terme d'orientation scolaire et de carrière. Nous en parlions en section 2.1 : de petites différences psychologiques peuvent conduire à de grosses différences comportementales.

Incroyable non[B] ?

À nouveau, tout cela n'implique pas que la sous-représentation des femmes ne puisse *aussi* s'expliquer par des raisons sociales et culturelles : les explications ne sont toujours pas un jeu à somme nulle. Et si l'interprétation en termes de différences de préférences naturelles était vraie, il ne serait pas non plus possible de conclure qu'une femme prise au hasard dans la population aimera *forcément* moins la science qu'un homme. Il s'agit toujours de probabilités. Je suis bien placé pour le savoir puisque la totalité de mes collègues chercheuses et vulgarisatrices sont des femmes plus attirées par la science que l'homme moyen rencontré dans la rue. À mes lectrices attirées par la science et encore en âge de l'embrasser pour carrière, je dis ne changez rien ! Foncez, ce que je raconte ne change rien pour vous. Vous l'avez d'ailleurs probablement compris depuis longtemps, les notions de moyennes, d'écarts-types et de probabilités – si importantes pour naviguer ces débats – vous étant sûrement déjà bien familières.

Quoi qu'il en soit, tout ceci illustre en quoi la biologie peut être utile à nos sociétés : l'identification de ce que les humains aiment faire, de ce qui les épanouit et donne du sens à leur vie éclaircit les objectifs à atteindre. Quand certains politiciens militent pour une parité parfaite dans tous les domaines de la société, commençons par nous demander si cette répartition correspondrait à celle trouvée dans une société sans contraintes ni discriminations[171]. La biologie du comportement nous aidera à répondre à cette question, et donc à ne pas pousser des gens à choisir des carrières qui ne leur plaisent pas véritablement.

Il s'agit en fait de la version sociétale d'un problème plus couramment observé au niveau personnel. Peut-être connaissez-vous des parents dont le souhait le plus cher est de faire de leur rejeton le prochain Kylian Mbappé, la prochaine Séréna Williams, l'Albert Einstein ou la Marie Curie du XXIe siècle. Des centaines d'heures de cours particuliers sont parfois affectées à ce but. Cette insistance à vouloir décider du futur de ses enfants à leur place est généralement mal vue. Leur faire goûter à une multitude d'activités, d'accord, mais pourquoi ne pas les laisser ensuite

---

B. Incroyable pour vous peut-être, mais il existe des milieux dans lesquels cette information est connue depuis longtemps. Devinerez-vous lesquels ? Bingo ! Les milieux antiféministes. Comme je l'évoquais précédemment, ces sphères se délectent de toutes ces données passées sous silence par les progressistes car elles s'en servent pour les décrédibiliser. On ne peut que s'en désoler une nouvelle fois car ces données ne disent évidemment rien du bien-fondé de la cause féministe en tant que combat pour l'égalité. Cessons donc de les glisser sous le tapis comme si elles étaient embarrassantes et arrêtons d'accuser ceux s'y refusant de « faire le jeu » des conservateurs (section 3.2).

décider eux-mêmes à quoi ils souhaitent dédier le peu de temps qu'ils vont passer sur Terre ? Et s'il s'avère qu'ils n'ont aucune envie de devenir le prochain Mozart, n'aurons-nous pas gâché leur enfance en les poussant à pratiquer une activité qu'ils n'apprécient guère ? Il s'agit d'un des messages portés par la féministe Griet Vandermassen :

> « Je suis convaincue que si nous créons des politiques qui vont à l'encontre de ce qui rend les hommes et les femmes heureux, parce que nous ne comprenons pas les besoins et les priorités de vie des uns et des autres, nos sociétés ne seront jamais justes[103]. »

Dans un style différent, l'anthropologue Margaret Mead écrivait que :

> « Si nous voulons réaliser une culture plus riche, riche de valeurs contrastées, il faut reconnaître toute la palette des potentialités humaines, et construire ainsi un tissu social moins arbitraire dans lequel chaque don humain si divers soit-il trouvera sa place[172]. »

Margaret Mead n'est pas la première universitaire que l'on s'attend à trouver dans un livre insistant sur l'importance de la biologie pour comprendre le comportement humain. Elle fait en effet partie des auteurs classiques des sciences sociales cités par ceux défendant la supériorité de la culture sur la biologie. Néanmoins, je suis entièrement d'accord avec la citation ci-dessus. Notre tissu social gagnera à être non arbitraire et il est important que chaque don humain y trouve sa place. Par contre, cela ne me paraît pas scandaleux d'ajouter que si les potentialités humaines sont si diverses, c'est en partie parce que les humains sont *génétiquement* divers.

Dans un sens, on pourrait même défendre que la quête de parité exacte constitue une énième tentative de faire rentrer les femmes dans le moule des hommes, d'ériger les préférences masculines en modèles à suivre[4]. En effet, imaginez que la sous-représentation des femmes dans certains métiers ne soit pas uniquement due à du sexisme mais aussi à des préférences naturelles différentes. Dans ce cas, pousser les femmes vers ces « métiers masculins » reviendrait à faire des préférences des hommes l'étalon, le standard vers lequel tout le monde doit tendre. Comme le dit Griet Vandermassen :

> « En tant que féministes, nous ne devons pas nous laisser piéger par ce que tant d'hommes théoriciens ont fait avant nous : prendre l'esprit et le comportement masculin comme le standard[103]. »

Autrement dit, si les hommes aiment faire joujou avec des clés à molette et des microprocesseurs, tant mieux pour eux ! Mais de quel droit érige-t-on ces activités comme des modèles à suivre pour les femmes, stigmatisant au passage celles qui choisissent de se consacrer à d'autres activités moins plébiscitées par les hommes ?

Nous rencontrons ici à nouveau les vertus déculpabilisantes et apaisantes des explications biologiques du comportement. Non seulement ces explications nous permettent de comprendre pourquoi un humain a *tendance* à se comporter de la même façon que les individus de son sexe (ou de tout autre humain avec qui il partage de nombreux allèles), mais elles éclairent aussi pourquoi cette tendance possède des exceptions et de la variabilité (les deux étant inévitables en biologie). Enfin, de façon plus importante, *ces explications ne s'accompagnent d'aucun jugement de valeur.* Reconnaître l'existence de comportements répandus dans une certaine catégorie de la population ne s'accompagne d'aucun jugement de valeur car les valeurs n'existent pas dans la nature. Pour un biologiste, il n'y a pas plus de sens à se demander si l'empathie est supérieure à l'intelligence qu'à se demander si la vision nocturne des chouettes est supérieure à l'écholocation des chauve-souris. Il n'y a pas plus de sens à se demander s'il vaut mieux aimer les maths que les lettres qu'à se demander s'il vaut mieux survivre en buvant qu'en mangeant. Il n'y a pas plus de sens à se demander si les testicules des hommes sont supérieurs aux ovaires des femmes qu'à se demander si l'aile du corbeau est supérieure à la nageoire du dauphin[3]. En biologie, seuls existent des traits ayant évolué aléatoirement ou en réponse à des problèmes de survie ou de reproduction particuliers. Les valeurs et les hiérarchies sont ensuite plaquées sur ces traits par nos sociétés mais n'existent pas dans la nature.

À l'inverse, les explications sociales des comportements me semblent bien plus moralisatrices, chargées de valeurs et culpabilisantes. Lorsque vous entendez quelqu'un protester contre l'origine biologique d'un comportement et en défendre une sociale (même si, une fois de plus, ces deux explications ne sont pas mutuellement incompatibles), c'est généralement parce que cette personne espère du changement. Les préférences pour les métiers, sociales plutôt que biologiques ? Cela permettrait de pouvoir les modifier facilement. Mais lorsque l'on souhaite du changement, c'est bien que l'on considère que certaines façons d'être ou de se comporter valent mieux que d'autres. Que les métiers scientifiques valent mieux que les littéraires. Qu'il est préférable de devenir politicien et changer le monde plutôt que de s'enterrer en Ardèche pour élever des chèvres. Qu'avoir des responsabilités à la tête d'une grande entreprise est préférable à trouver un petit boulot sans prétention avec des horaires fixes. Je ne souhaite pas discuter de la validité de ces affirmations : peut-être que certains métiers ou activités ont réellement plus de valeur que d'autres (pensez médecin *vs* footballeur). Je souhaite simplement faire remarquer que derrière les explications sociales des comportements se trouvent souvent des jugements de valeurs et des hiérarchies implicites que l'on ne trouve pas derrière les explications biologiques.

Au final, si vous êtes une femme et que vous en avez marre des injonctions, dans quelque sens que ce soit (les « tu devrais apprendre à coder » comme les « tu devrais te maquiller un peu plus »), vous devriez trouver le cadre explicatif de la biologie très apaisant, déculpabilisant et libérateur, précisément parce qu'il est libre de toute valeur[A]. Citons une dernière fois Griet Vandermassen sur ce sujet :

> « La psychologie évolutionnaire renforce les femmes au niveau théorique, mais à un niveau plus personnel aussi : elle montre qu'elles peuvent être aussi féminines et non féminines qu'elles veulent. Elles n'ont pas à craindre que leur "envie de se sentir femme" soit considérée comme une faiblesse de caractère. Elles peuvent juste être comme elles le souhaitent : féminines ou pas, hétérosexuelles ou pas, attentionnées ou pas[4]. »

Accepter que les humains diffèrent naturellement dans leurs goûts, leurs intérêts, leurs besoins et leurs capacités n'implique rien en termes de politique. Nous pouvons tout à fait nous servir de ces informations pour construire des sociétés plus justes et plus tolérantes, qui n'essaient pas de faire rentrer tout le monde dans le même moule et qui accompagnent dans les choix plutôt que de sans cesse pousser à rentrer dans les critères de succès d'une certaine catégorie de population.

Si vous êtes adepte de la formule « connais-toi toi-même » pour votre propre développement personnel, vous ne devriez pas rester insensible aux charmes de la biologie : ce qu'elle propose n'est en effet rien d'autre qu'un

---

A. Et même si j'ai insisté sur les injonctions faites aux femmes, tout ce que je dis s'applique évidemment aux injonctions faites aux hommes. Il me semble qu'en 2023 la défense des droits des femmes reste toujours plus pressante, mais cela ne me dérange pas de reconnaître que la condition masculine pourrait aussi présenter des spécificités justifiant l'existence d'un mouvement « masculiniste ». Actuellement, ces mouvements ont du mal à se construire autrement qu'en opposition aux mouvements féministes, mais cela ne m'étonnerait pas que le lecteur de 2068 ait vu l'essor de mouvements masculinistes plus consensuels car débarrassés de ces relents antiféministes.

grand miroir tendu à l'humanité. Tas de matière biologique nous sommes, tas de matière biologique nous resterons. Comment justifier que la discipline étudiant ce type de matière dans l'univers puisse être laissée de côté dans notre quête perpétuelle de meilleure connaissance de nous-mêmes ?

Le gain d'une humanité se connaissant mieux elle-même sera une baisse générale des tensions sociales. L'Histoire nous a déjà gratifiés de quelques exemples de sociétés possédant une vision naïve de la nature humaine : non seulement les états totalitaires de gauche dont nous avons déjà parlé (section 3.6), mais également un certain nombre de communautés dites « utopiques » s'étant établies à l'écart de la civilisation pour mieux repartir de zéro. De zéro ? Pas tout à fait : elles emmenaient souvent dans leurs bagages une vision optimiste de la nature humaine et de la vie en communauté en particulier. Malgré cela (ou à cause de cela), la plupart se sont écroulées au bout de quelques années sous le poids de tensions internes. Ceux de mes lecteurs qui fréquentent les milieux alternatifs auto-gérés de gauche savent également que la vie en groupe n'y est pas toujours facile et que nombre de collectifs disparaissent chaque année pour cause de relations humaines détériorées. Le phénomène possède même un petit nom : PFH, pour « putain de facteur humain ». Facteur humain, nature humaine, vous me pardonnerez si je trouve qu'on joue ici sur les mots. À un niveau plus personnel, nous avons tous fait l'expérience d'entrer un jour pleins de bonne volonté dans un nouveau cercle social pour s'apercevoir que toute la bonne volonté du monde ne suffisait pas à éviter les conflits (vacances entre amis, week-end de retrouvailles en famille, groupe de réflexion au travail...). Cessons donc de taper sur le concept de nature humaine comme s'il desservait forcément les milieux progressistes. Oui, veillons à ce que les conservateurs ne s'en servent pas pour faire accepter un égoïsme ne servant que leurs intérêts personnels, mais que cela n'oblige pas à adopter du même coup une vision fantasmée de l'humain qui ne sera jamais qu'une source de frictions pour la vie en collectivité.

Illustrons une dernière fois différemment comment la biologie pourrait être utile à la création de sociétés épanouies. Imaginez pouvoir choisir avant votre naissance entre deux univers parallèles pour dérouler vos années d'existence. Dans le premier, des variations génétiques expliquent une grande partie des différences entre individus (leurs salaires, leurs comportements, leurs préférences, leurs activités...). Dans l'autre, c'est tout le contraire : la génétique a peu de pouvoir explicatif. Dans quelle société préféreriez-vous vivre ?

La deuxième ? Vous seriez en cela comme beaucoup de progressistes préférant vivre dans une société où les gènes « expliquent peu » et où on en déduit qu'il serait plus facile de résoudre les inégalités. Mais sachez que vous venez peut-être de choisir de passer votre vie dans une société inégalitaire ! Pourquoi ? À cause du jardinage pardi. Lorsque vous semez des graines dans un même terreau, toutes ont le même environnement et la hauteur finale de chaque plante sera donc déterminée principalement par son matériel génétique. Mais si vous plantez ces mêmes graines dans un mélange de sols riches et appauvris, leur croissance sera maintenant beaucoup plus déterminée par la qualité du sol rencontré. La génétique expliquera alors moins la diversité observée.

Le même phénomène rend compte de pourquoi des progressistes pourraient préférer vivre dans une société où les différences génétiques expliquent beaucoup plutôt que peu. Lorsque la génétique explique une grande partie des différences entre humains, cela peut vouloir dire qu'ils ont grandi dans un environnement égalitaire[A]. Nouveau renversement de perspective saisissant, n'est-ce pas ? De la même façon que la sous-représentation des femmes en science ne va pas forcément disparaître à mesure de la diminution des discriminations, l'importance explicative de la génétique ne va pas forcément décroître avec la nivellation et la bonification des environnements ! Au contraire, les inégalités pourraient même se renforcer. Même si la qualité de vie moyenne d'une population augmentera généralement en améliorant ses conditions de vie, rien ne garantit que cette augmentation se fera à la même vitesse pour tous.

A.   Cet environnement égalitaire peut néanmoins être riche ou pauvre : la génétique se met à « expliquer beaucoup » quand toutes les graines ont grandi dans le même sol, que celui-ci soit fertile ou appauvri.

4. EMPAREZ-VOUS DE CES DÉBATS

Ça y est, je vous ai transmis l'essentiel de ce que je souhaitais (merci d'être resté·e jusqu'ici). Néanmoins, il me reste encore quelques clous à enfoncer, quelques angles à arrondir et quelques aspérités à poncer.

4.1. INCOHÉRENCES ET CONTRADICTIONS

Le lecteur attentif n'aura pas manqué de relever quelques contradictions tout au long de ce livre[A]. Essayons d'y répondre maintenant.

> *Hey Stéphane, comment peux-tu défendre que la biologie permette de déculpabiliser (ceux qui ne réussissent pas dans la vie, ceux dont les enfants ont des difficultés…) sans pour autant déresponsabiliser (les criminels pour leurs délits) ? Comment affirmer que personne ne mérite réellement ce qui lui arrive tout en soutenant que l'on reste responsable de ses méfaits ?*

Il me semble que les concepts de déresponsabilisation et de déculpabilisation, bien que semblables en apparence, sont suffisamment distincts pour permettre cette double recommandation. Déculpabiliser n'a pas nécessairement pour conséquence de déresponsabiliser. Si vous cassez un vase involontairement dans un magasin, il est possible de vous déculpabiliser (d'atténuer votre peine) en faisant remarquer que le vase était placé de façon précaire au bord de l'étagère. Néanmoins, quelqu'un doit bien compenser le gérant du magasin pour sa perte : vous restez responsable même s'il est toujours possible de relativiser votre tort.

Nous raisonnons un peu de la même façon en ce qui concerne la responsabilité des enfants : lorsqu'ils causent des dommages, nous considérons que leurs parents sont aussi responsables et qu'il est possible de se retourner contre eux. Cela ne signifie pas que les parents sont coupables, mais cela montre que l'on peut être responsable sans avoir réellement fauté. Déculpabiliser consiste à relativiser les comptes qu'un individu se demande *à lui-même*, pas à annuler ceux qu'il doit *aux autres*.

Ces questions sont liées à des débats classiques sur le déterminisme en philosophie : si chaque état du monde est absolument déterminé par un état précédent (un biologiste dirait, si nous sommes entièrement la conséquence de gènes et d'environnements), cela signifie-t-il que nous ne sommes pas libres ? Le libre-arbitre ne serait-il qu'une illusion et faudrait-il suivre Spinoza dans son affirmation que la liberté n'est que l'ignorance des causes qui nous déterminent ? Dans ce cas, serions-nous toujours res-

---

A. Le lecteur non attentif n'aura lui rien remarqué, mais voyons si cette note de bas de page le réveille.

ponsables ? Pas facile de répondre aux deux premières questions[A], mais la dernière est plus abordable : oui, nous pouvons rester responsables dans un monde déterminé, car la responsabilité consiste simplement à devoir répondre de ses actes, indépendamment de si ceux-ci ont été déterminés par les conditions initiales de l'univers ou non.

Enfin, même si le déterminisme sonnait *théoriquement* la fin de la responsabilité, il serait toujours possible d'arguer que sa disparition causerait des torts trop importants à nos sociétés *en pratique*, et qu'il faudrait pour cette raison la conserver. On pourrait par exemple avancer que la disparition du libre-arbitre (ou du concept de mérite) pousserait certains à rester prostrés chez eux toute la journée à ne rien faire, terrifiés de n'avoir plus aucun contrôle sur leur vie. Pourquoi pas, même si à titre personnel cela me semble très peu probable. Ce qui nous fait lever le matin, aller travailler, créer, rencontrer des gens et produire de la valeur ajoutée dans ce bas-monde de façon générale, c'est de prendre plaisir à ces actions, que nos accomplissements soient réellement mérités ou non. Par exemple, je considère n'avoir eu aucun mérite à écrire ce livre et redirigerai tout compliment reçu à son propos sur mes gènes et mon environnement[B]. Pourtant, cela ne m'a pas empêché de l'écrire car j'étais motivé par autre chose que la volonté de ressentir ma capacité à m'auto-déterminer : plaisir d'écrire, plaisir de transmettre de la connaissance, plaisir de savoir que ce livre pourra peut-être, qui sait, soyons fous, être utile à certains[C]. Il est possible de prendre plaisir à danser avec ses chaînes[173].

Arrête de nous baratiner, d'un côté tu défends que les différences ne changeront rien en matière de discriminations (l'égalité en droits ne reposant pas sur l'absence de différences), d'un autre tu affirmes que la prise en compte des différences génétiques est importante pour assurer

A. Elles demandent notamment de préciser ce que l'on entend par libre-arbitre : capacité à s'auto-déterminer absolument et à initier des chaînes causales indépendantes, ou simple capacité à exercer une forme de contrôle sur ses actions.

B. Les critiques seront encore plus redirigées.

C. Ceci sous-entend à nouveau que certaines de nos actions ne sont pas très affectées par notre connaissance du monde (comme lorsque j'affirme que l'intolérance précède la connaissance). De la même manière que savoir que cette part de gâteau contient beaucoup trop de calories ne m'empêchera pas nécessairement de la manger, savoir que la notion de mérite n'est peut-être qu'une illusion ne m'empêche pas de me lever le matin pour continuer à créer. À quel point notre connaissance du monde affecte réellement nos comportements est une question encore relativement ouverte d'un point de vue scientifique. Dans un sens, on pourrait même défendre que si la connaissance n'affectait jamais nos comportements, l'écriture de ce livre serait parfaitement inutile. Je n'ai pas encore écarté complètement cette possibilité.

à chacun un traitement juste (en matière d'éducation par exemple).
Il faudrait savoir, les différences justifient ou ne justifient pas des trai-
tements différents ?

Ok, j'avoue : *les différences justifient parfois des discriminations.* Et avant que vous ne partiez m'invectiver sur les réseaux sociaux, en voici un exemple flagrant : on n'accorde pas aux enfants les mêmes droits qu'aux adultes (pensez au droit de vote par exemple) et tout le monde trouve cela normal. Nous considérons qu'il existe des différences suffisamment importantes entre enfants et adultes pour justifier des droits différents. Il semblerait donc bien qu'il soit parfois juste de discriminer. Ce « paradoxe » repose sur l'existence de deux définitions au mot « discriminer » :
–   traiter différemment des personnes différentes ;
–   traiter différemment et injustement des personnes différentes.
Dans le langage courant, le deuxième sens est le plus usité. Discriminer possède une connotation péjorative, incluant l'idée d'un traitement *injuste*. Lorsque j'ai employé ce mot tout au long de ce livre, je m'attendais à ce que vous utilisiez implicitement cette définition : les discriminations sont intrinsèquement injustes.

Néanmoins, au sens premier, discriminer consiste simplement à accorder un traitement différent, ce qui n'est pas forcément mauvais. Heureusement d'ailleurs ! Un progressiste serait très peiné d'apprendre qu'il est mal de traiter différemment des personnes distinctes car il s'agit de son moyen principal pour remédier aux inégalités. Chaque fois que nous taxons plus les riches que les pauvres ou que nous octroyons des aides financières à ceux qui n'ont pas eu de chance dans la vie, nous discriminons, mais nous le faisons *de façon juste.* Comme si l'inégalité de traitement n'était pas injuste en soi mais qu'il existait des conditions supplémentaires pour qu'elle le devienne : il est mal de traiter différemment des personnes différentes *sauf si...*

Sauf si quoi exactement ? Que se cache derrière ce mot « juste » ? Nous avons mis là le doigt sur le cœur du problème : la définition de la justice, sur laquelle s'écharpent les philosophes depuis fort longtemps. John Rawls a par exemple proposé que les inégalités de traitement sont à proscrire *sauf si* elles bénéficient aux plus défavorisés[67]. Ce qui pourrait expliquer pourquoi nous acceptons généralement que les riches soient plus taxés que les pauvres. Les philosophes des Lumières avaient aussi visiblement réfléchi à la question en 1789. Nous connaissons tous par cœur l'article premier de la Déclaration des droits de l'humain et du citoyen :

« Les humains naissent et demeurent libres et égaux en droits. »

Nous ignorons par contre souvent que cet article possède une deuxième partie :

« Les distinctions sociales ne peuvent être fondées que sur l'utilité commune. »

Ainsi, il serait acceptable de « distinguer socialement » (discriminer) tant qu'il est prouvé que cela sert l'utilité commune. Voilà qui pourrait expliquer les moindres droits accordés aux enfants : nos sociétés considèreraient que donner le droit de vote à des humains possédant une connaissance du monde limitée et des capacités de raisonnement non encore pleinement développées aurait trop de conséquences néfastes[A]. Évidemment, déterminer en quoi consiste l'« utilité commune » n'est pas une mince affaire, et les désaccords sur cette question sont probablement en grande partie à l'origine du clivage gauche/droite et des discussions animées de fin de repas entre humains ayant pourtant tous à cœur de « tirer la société vers le haut ».

Développer plus avant cette question de la justice me demanderait un livre entier (pour ceux que cela intéresse, je touche au sujet et à la façon de réconcilier sens de la justice universel et divergences d'opinions politiques dans mon premier livre, *Pourquoi notre cerveau a inventé le bien et le mal*[174]). Ici, je souhaite simplement faire remarquer que l'existence de discriminations justes ne remet pas en cause la déconnexion entre égalité en droits et différences biologiques. Les discriminations, justes ou injustes, ne reposent jamais sur la *seule* existence de différences mais sur la démonstration que ces différences ont des conséquences sociales importantes (l'utilité commune). Or, pour évaluer ces conséquences, nous ferons *toujours* appel à des valeurs qui ne trouvent pas de justification dans la science (telles que « un humain ne devrait pas avoir à vivre dans la pauvreté »). Les différences ne sont pas et ne seront jamais *suffisantes* pour justifier l'attribution de droits différents : des conditions supplémentaires, morales et non-scientifiques, seront toujours nécessaires.

A.   Autre exemple concret : vous avez le droit de conduire une voiture *sauf si* vous n'avez pas prouvé votre bonne connaissance du code de la route, *sauf si* votre véhicule est en mauvais état, *sauf si* vous avez montré par le passé que vous ne saviez pas choisir entre boire et conduire, etc. L'utilité commune de ne pas causer trop de morts justifie de ne pas donner à certains le droit de circuler en voiture.

T'as réponse à tout dis donc ! Dernière chose. Tu nous as vendu l'utilité du concept de nature pour éviter les abus totalitaires et le relativisme culturel, mais tu nous as aussi dit qu'on n'a aucune obligation de suivre la nature lorsqu'elle nous présente son visage meurtrier et infanticide. Alors, suivre la nature, bien ou pas bien ?

Je ne vois pas de façon plus satisfaisante de répondre qu'avec un insatisfaisant « ça dépend ». Il existe dans la nature (humaine) des choses bonnes et d'autres moins bonnes : par conséquent, le cas par cas semble être la règle. Suivre la nature est recommandable lorsque celle-ci consiste à ne pas aimer souffrir, moins lorsqu'elle consiste à être agressif. Glorifier la nature est acceptable pour rassembler les humains, mais pas pour en déshumaniser certains. Se préoccuper de nature est bon pour créer des politiques publiques efficaces, moins pour profiter de la crédulité humaine[B].

Comme les progressistes ont souvent tendance à se méfier du concept de nature, j'aimerais réinsister sur quelques inconvénients inhérents à ce faire, évoqués rapidement dans la partie sur les préférences de métier (section 3.9) : prendre ses distances avec la nature pose des problèmes d'efficacité et de bonheur. Faisons une petite digression canine pour bien comprendre cela. Si vous êtes l'heureux propriétaire d'un chien de berger et d'un chien de chasse, vous savez que rien n'apporte plus de bonheur à l'un que de passer ses journées à tourner autour d'un troupeau et à l'autre de courir la campagne sur la trace d'un garenne égaré. La garde d'ovins et la chasse au jeannot sont deux activités dont ils raffolent et dans lesquelles ils excellent, conséquence de siècles de sélection artificielle sur leurs ancêtres. Pour ces raisons, nous acceptons généralement qu'il est dans la *nature* de ces chiens d'apprécier ces activités.

Évidemment, cela ne veut pas dire qu'il est impossible d'utiliser un chien de berger pour aller chasser et un chien de chasse pour garder des brebis. Il est possible de ne pas suivre la nature[C]. Néanmoins, cela poserait tout de suite un problème d'efficacité : l'un n'étant pas plus spécialisé pour le pastoralisme que l'autre ne l'est pour la cynégétique, il est probable

---

B.   Cependant, décider au cas par cas n'est pas la même chose que décider de façon arbitraire sans fonder ses jugements moraux sur aucune règle générale telle que : « en toute situation, causer le moins possible de torts à autrui ».

C.   Profitons-en pour faire remarquer que même chez les chiens, cette nature, pourtant profondément ancrée en eux, est toujours dépendante de la présence d'un certain environnement : privez un chien de berger de tout contact avec des animaux d'élevage dans sa jeunesse et il est probable que son intérêt pour le pastoralisme en ressortira grandement diminué.

que chacun sera moins performant pour réaliser les activités de l'autre. De plus, cela poserait également un problème de bonheur : si rien ne rend votre chien de berger plus heureux que de courir autour d'un troupeau, à quoi bon vouloir lui imposer à tout prix une autre activité ?

Cet exemple non-humain vous aura permis j'espère d'appréhender le problème sans être perturbé par des arrières-pensées politiques, car le même genre de questions se pose pour l'espèce humaine. Il est possible que certains humains soient spécialisés cognitivement pour réaliser certaines activités et que cela justifie de leur reconnaître une nature légèrement différente[A]. Rien ne nous oblige à respecter cette nature, mais nous y opposer posera des problèmes d'efficacité et, de façon sûrement plus importante pour un progressiste, de bonheur.

Enfin, au-delà de ces considérations très pragmatiques, des questions plus philosophiques se posent. Certains humains prennent plaisir à se sentir partie prenante d'un projet qui les dépasse et seront donc enclins à suivre la nature, à changer leurs désirs plutôt que l'ordre du monde. D'autres au contraire ne connaissent pas de sentiment plus déplaisant que de se savoir manipulés par la nature et marionnettes de leurs gènes. Ceux-ci verront dans la possibilité de s'y opposer une occasion de recouvrer un peu de dignité. S'élever contre la nature sera perçu par les premiers comme arrogant et vain, par les seconds comme valorisant et libérateur. Préférez-vous danser avec vos chaînes ou les briser ? Imaginer Sisyphe heureux ou le soulager de son rocher ? Quelle que soit votre position sur le sujet, difficile d'en qualifier une de plus absurde ou de plus « à droite » que l'autre.

Terminons avec une citation qui me semble bien résumer le problème, et qu'internet attribue simultanément à Marc Aurèle et aux alcooliques anonymes :

« Que la force me soit donnée de supporter ce qui ne peut être changé et le courage de changer ce qui peut l'être mais aussi la sagesse de distinguer l'un de l'autre. »

A. Chez l'humain, cette spécialisation serait évidemment le résultat de la sélection naturelle et pas artificielle, mais cela ne change rien à mon propos. De plus, aucune raison que les différences entre humains soient aussi grandes que celles entre races de chiens, mais je ne reviens pas sur toute la subjectivité de ces évaluations de tailles de différences. Enfin, lorsque j'emploie l'expression « spécialisés pour », je ne sous-entends aucun finalisme : cette cognition n'a pas évolué dans un but spécifique mais il est tout de même possible d'affirmer qu'elle possède une « raison d'être » (voir chapitre 1).

Une bonne partie des débats entre progressistes et conservateurs me semble avoir pour objectif de déterminer qui détient le plus de cette fameuse sagesse, et la réponse à cette question dépendant des résultats de la science, pas étonnant que celle-ci se retrouve si souvent prise à parti par des militants de tous bords.

Il est possible que ce livre recèle encore d'autres incohérences et contradictions que je n'aurais su identifier. À toutes fins utiles, laissez-moi donc vous rappeler son objectif premier : déconstruire des associations d'idées malheureuses trop courantes et faire la promotion d'autres moins répandues. Libre à vous d'essayer de vous en servir pour poser les bases d'un programme politique inébranlable mais je ne vous suivrai pas dans cette entreprise. Je vous souhaite par ailleurs bon courage.

4.2. DIS PAPA, C'EST QUOI UN PROGRESSISTE ?

(Certains diront qu'il s'agit en premier lieu de quelqu'un qui n'écrit pas « dis papa ».)

En introduction de ce livre, je me suis réfugié derrière les mots « progressiste » et « conservateur » pour ne pas avoir à nommer de courants politiques plus précis. J'espère que vous avez maintenant compris que ce n'était pas que par lâcheté : il n'existe pas d'idéologie acceptant ou rejetant ces recherches en bloc. Chacune y pioche plutôt ce qui lui semble pouvoir justifier sa vision du monde et son programme politique. La figure 8 reprend tous les exemples mentionnés dans ce livre et montre sans équivoque que progressistes et conservateurs utilisent exactement les mêmes raisonnements, erreurs de raisonnement et stratégies argumentatives pour convaincre, simplement appliqués à des exemples différents.

	EXEMPLES TYPIQUES DANS CERTAINS CERCLES POLITIQUES QUE JE VOUS LAISSERAI IDENTIFIER	EXEMPLES TYPIQUES DANS D'AUTRES CERCLES QUE JE NE NOMMERAI PAS PLUS
LE NATUREL, C'EST BIEN	Produits de santé et alimentation	Organisations sociales
LE NATUREL, C'EST MAL	Meurtre, infanticide, vieillesse, maladie, mort…	Meurtre, infanticide, vieillesse, maladie, mort…
ALLER CONTRE-NATURE, C'EST BIEN	Pour lutter contre la maladie et la vieillesse (mais avec des médicaments naturels : aller contre-nature oui, mais en restant naturel)	Pour lutter contre la maladie et la vieillesse
ALLER CONTRE-NATURE, C'EST MAL	OGMs, barrages hydrauliques, produits « chimiques »…	Avortement, homosexualité…
LE DÉTERMINISME GÉNÉTIQUE, C'EST BIEN	Quand ça déculpabilise les malchanceux dans la vie. Quand ça combat le concept de mérite.	Quand ça justifie des rôles sociaux hommes/femmes différents. Quand ça permet d'affirmer que certaines populations sont naturellement moins capables.
LE DÉTERMINISME GÉNÉTIQUE, C'EST MAL	Quand ça déresponsabilise les fraudeurs fiscaux	Quand ça déresponsabilise les fraudeurs aux aides sociales
LE CONCEPT DE MÉRITE, C'EST BIEN	Quand ça permet d'augmenter le salaire des soignants et de baisser celui des footballeurs	Quand ça permet de justifier l'inégale répartition des richesses
LE CONCEPT DE MÉRITE, C'EST MAL	Quand ça permet de justifier l'inégale répartition des richesses	Quand ça permet d'augmenter le salaire des soignants et de baisser celui des footballeurs
LA NATURE HUMAINE, C'EST BIEN	Quand elle sert à rassembler, à montrer que les minorités sont « normales »	Quand elle sert à déshumaniser, à exclure les minorités
LA NATURE HUMAINE, C'EST MAL	Quand elle sert à déshumaniser, à exclure les minorités	Quand elle sert à rassembler, à montrer que les minorités sont « normales »

Figure 8. Progressistes et conservateurs utilisent les mêmes (erreurs de) raisonnements.

Ceci étant dit, peut-être trouveriez-vous intéressant d'essayer de préciser, pour chaque courant politique, quelles données biologiques plaisent et déplaisent. Soit, essayons. Mais gardez à l'esprit que cela ne peut se faire qu'en caricaturant ces courants et en passant sous silence la diversité interne qui les caractérise.

Rappelons d'abord pourquoi la biologie du comportement est souvent associée à la droite et combattue par la gauche : elle est perçue comme s'opposant au changement. De manière caricaturale :

> Biologie = le génétique et le naturel = ce qui ne peut pas ou ne doit pas être changé = plaisant pour ceux qui ne veulent pas changer = les conservateurs = la droite.

En supprimant les étapes intermédiaires, et avec la finesse de l'analyse politique de nombreux militants, nous avons bien « biologie = la droite ». Comme l'exprime le philosophe Peter Singer :

> « Voilà, je suspecte, la raison ultime pour laquelle la gauche a rejeté la pensée darwinienne. Elle anéantit son Grand Rêve : la Perfectibilité de l'Humain[6]. »

Le psychologue Otto Klineberg ne dit pas autre chose :

> « L'explication environnementale est préférable, quand justifiée par les données, parce qu'elle est plus optimiste, laissant ouverte la possibilité d'une amélioration[175]. »

Le biologiste de l'évolution Theodosius Dobzhansky renchérit :

> « Si [...] vous pensez que les gens devraient être égaux, alors il est pratique d'avancer que les différences entre eux sont accidentelles et triviales. Il est alors tentant de penser que l'enfant est à la naissance une page blanche remplie plus tard par l'environnement, l'éducation, la chance ou la malchance. Les gens de gauche sont des environnementalistes par prédilection[35]. »

Par cette citation, Dobzhansky évoque un paramètre souvent utilisé pour expliquer le clivage gauche/droite : l'importance donnée à l'égalité. Comme il le fait remarquer, l'attachement à cette valeur peut conduire à nier l'existence de différences biologiques : les différences compliquent la vie des progressistes. Néanmoins, il ne s'agit bien que de cela : d'une complication. Les différences ne changent pas fondamentalement la vie des progressistes, en particulier de ceux ayant pris l'habitude d'y remédier. Les militants ayant à cœur l'égalité des chances remercieront donc parfois la biologie d'avoir mis en lumière des inégalités qui leur avaient jusqu'ici échappé (voir section 3.3). Par contre, les progressistes faisant passer l'égalité des résultats avant celle des chances auront plutôt tendance à ignorer ces recherches, n'en ayant pas besoin pour atteindre leurs objectifs (voir section 3.9 sur la quête de parité par exemple).

La liberté est le deuxième facteur couramment avancé pour expliquer le clivage droite/gauche ; or, la biologie peut être utilisée pour soutenir des politiques piétinant cette valeur. Par exemple, l'affirmation d'une nature humaine égoïste et irrationnelle peut servir à justifier la mise en place d'états policiers liberticides et redresseurs de torts. Néanmoins, n'oublions pas que la biologie insiste aussi sur l'existence d'une auto-organisation complexe et spontanée dans la nature (voir chapitre 1), ce qui la rend sympathique aux libertariens et anarchistes cherchant à se passer d'autorité centrale. L'abondance de coopération et d'altruisme dans le monde vivant sert également la vision optimiste de la nature humaine des anarchistes, communistes et marxistes. Ces derniers apprécient souvent le matérialisme et l'interactionnisme si importants en biologie, mais rejettent les assertions d'une nature humaine égoïste comme la simple vision biaisée de la classe au pouvoir.

L'explication de la coopération par un égoisme génétique sous-jacent plaît généralement aux libéraux à qui cela rappelle la « main invisible » d'Adam Smith. Les libertariens et capitalistes ont tendance à apprécier l'importance du laisser-faire et de la loi du plus fort pour expliquer le progrès, mais se détournent de la biologie lorsqu'elle sert à justifier la vacuité du concept de mérite et la taxation des bénéfices. Les milieux libéraux, néo-libéraux et méritocratiques plus généralement sont tous ennuyés par les recherches remettant en question le caractère mérité et donc équitable des inégalités.

L'attachement à la valeur liberté peut conduire à rejeter la biologie du comportement pour une deuxième raison : ses conséquences sur le libre-arbitre et la responsabilité. Nous avons vu que sur ce point, l'intégralité du spectre politique est embarrassée (section 2.3). Les libéraux sont peut-être dans la situation la plus inconfortable : leur attachement à l'auto-détermination de l'individu par l'usage de sa raison est directement contrarié par l'idée que nous serions « manipulés par des gènes ». S'il est de coutume en philosophie politique d'opposer la liberté de l'individu aux contraintes de l'État, une tension existe également entre liberté et contraintes génétiques. Le conflit entre le niveau individuel et supra-individuel (individu *vs* société) est alors remplacé par une rivalité entre niveau individuel et infra-individuel (individu *vs* gènes) pouvant conduire tout libéral, qu'il soit de droite ou de gauche, à se détourner de ces recherches.

Les féminismes ont été largement évoqués dans ce livre. Rappelons simplement qu'ils voient généralement la biologie du comportement d'un mauvais œil car remettant en question l'origine entièrement sociale des différences comportementales hommes/femmes sur laquelle ils se sont souvent construits (section 3.2). Néanmoins, certaines féministes utilisent ces recherches pour défendre que la domination masculine est un mal profond nécessitant des mesures fortes, quand d'autres remarquent au contraire qu'elle ne se retrouve pas chez tous les primates et n'a donc rien d'inéluctable. Les féministes attachées à l'épanouissement personnel et souhaitant prendre leurs distances avec les critères de réussite des hommes auront également tendance à prêter l'oreille aux recherches sur les différences de préférences naturelles entre sexes.

4.3. LES VALEURS EN SCIENCE

À plusieurs reprises dans ce livre j'ai affirmé que les recherches en biologie du comportement n'avaient aucune implication politique *en soi* et n'étaient pas *intrinsèquement* connectées au mal. Cela semble aller dans le sens d'une rengaine bien connue : la science serait une entreprise « dénuée de valeurs » permettant de produire de la connaissance « objective » pouvant être utilisée pour faire le bien comme le mal.

Néanmoins, cette idée est très controversée en philosophie des sciences. Pourquoi ? Parce qu'il semblerait bien qu'en pratique, les valeurs ne puissent jamais être complètement séparées de la science. Les chercheurs possèdent en effet toujours ce qu'on appelle un certain nombre de « degrés de liberté », de décisions à prendre pour lesquelles il n'existe aucun choix neutre ou par défaut. Ils doivent par exemple décider des sujets intéressants à étudier sur le présentoir infini tendu par l'univers ; des hypothèses à formuler sur ces sujets ; des données à recueillir pour tester ces hypothèses ; des façons d'analyser ces données ; des niveaux de preuve à exiger avant d'accepter une hypothèse ; et enfin, tout ceci effectué, des résultats intéressants à communiquer au grand public[176,177]. À chacune de ces étapes, le chercheur est libre : s'il peut toujours réaliser par commodité les mêmes choix que ses collègues l'ayant précédé, aucun guide « objectif » n'existe pour lui dicter sa conduite. Cette liberté ouvre la porte à la contamination de la science par les valeurs : un chercheur pourrait décider d'augmenter le niveau de preuve requis pour accepter une certaine hypothèse qui ne lui plaît pas par exemple[A].

Ainsi, à cause des degrés de liberté dans le travail quotidien d'un chercheur, la science semble condamnée à ne pouvoir échapper aux valeurs. Pourtant, nous continuons à ressentir intuitivement que l'objectivité est une de ses caractéristiques importantes, et peut-être même la raison principale de son succès et de la confiance lui étant accordée. Pour résoudre des controverses par exemple, il semble bien nécessaire de pouvoir se mettre d'accord sur des faits objectifs qui ne dépendent pas des valeurs et opinions personnelles de chacun. Mettre le moins de valeurs possible dans la science semble également le meilleur moyen de ne pas reproduire les exemples tragiques d'ingérence du XXᵉ siècle : la censure de la « génétique bourgeoise » par le régime soviétique et celle de la « physique juive » par le troisième Reich.

Cette tension entre objectivité et subjectivité de la science est généralement présentée en philosophie des sciences comme le débat entre une vision « value-free » et « value-laden » de la science (science dénuée *vs* pétrie de valeurs)[178]. Plusieurs façons de résoudre cette tension ont été proposées :
–   distinguer différents types de valeurs pouvant contaminer la science, certaines étant plus néfastes que d'autres ;
–   laisser les valeurs contaminer la science mais le faire de façon parfaitement transparente ;
–   veiller à ce que toutes les valeurs soient représentées et pas uniquement celles d'une minorité[179,B] ;
–   distinguer les contaminations directes (quand les valeurs influent sur notre propension à accepter une hypothèse) des indirectes (quand

A.   Néanmoins, cette porosité de la science aux valeurs n'est pas forcément néfaste. Lorsqu'une scientifique choisit de se spécialiser en biologie cellulaire parce qu'elle a à cœur de trouver un remède au cancer, il s'agit également d'une intrusion de valeurs dans la science : la connaissance sera approfondie dans une certaine direction sur la base des préférences tout à fait personnelles d'un humain particulier. Néanmoins, peu de monde trouvera cela regrettable.

B.   Pas sûr que les philosophes ayant proposé ceci se soient rendu compte que cela reviendrait en pratique à faire de la discrimination positive en faveur des idées de droite, étant donné le fort penchant à gauche des universitaires mentionné en section 2.6.

les valeurs n'interviennent que pour choisir un sujet d'étude), les premières étant plus graves que les secondes[180] ;

- abandonner le rêve d'atteindre un jour une science sans valeurs, mais conserver l'idéal et s'en rapprocher toujours le plus possible[181] ;
- abandonner complètement cet idéal trompeur et rappeler qu'il peut être bénéfique de laisser la science être contaminée (pour canaliser les financements vers des domaines utiles socialement par exemple).

Comme vous le voyez, ces débats sont loin d'être tranchés. À la lecture de la littérature en philosophie des sciences, il est possible d'être frappé par la présence simultanée de deux consensus en apparence incompatibles :

- il est naïf de penser qu'il est possible de passer directement d'une observation scientifique à une recommandation politique. Ce qui *est* ne renseigne aucunement sur ce qui *doit être* (nous avons développé cette idée attribuée à David Hume en section 2.4). Mais si ce qui est ne renseigne pas sur ce qui doit être, cela semble suggérer que les chercheurs peuvent étudier les sujets qu'ils veulent sans se préoccuper des conséquences de leurs recherches ;
- problème, cette affirmation semble tout aussi naïve, pour toutes les raisons que nous venons de voir : la science n'est jamais complètement séparée des valeurs.

Naviguer ces écueils s'avère particulièrement ardu : essayez d'éviter l'un et vous tombez rapidement sur l'autre ; contournez habilement l'autre et vous verrez ressurgir l'un. Qu'il en soit ainsi ! Ces débats seront peut-être tranchés dans le futur. De mon côté, je souhaite simplement souligner que mon insistance à déconnecter ces recherches de conséquences politiques particulières ne fait pas de moi un défenseur de la vision d'une science dénuée de valeurs. En effet, même si la science était pétrie de valeurs, resterait encore à déterminer desquelles. Un des objectifs de ce livre est de faire remarquer que cette question a été bien souvent évacuée trop vite, y compris en philosophie des sciences où il est courant de condamner les recherches en biologie du comportement sur la base d'arguments pas plus sophistiqués que ceux évoqués aujourd'hui : l'énumération sélective de quelques exemples historiques ayant mal tourné et celle des récupérations actuelles d'une frange minoritaire de la population.

À l'inverse, les recherches sociologiques et environnementalistes plus généralement avancent systématiquement précédées d'une aura positive. Parce que, selon lui, les valeurs féministes font partie de celles qu'il est acceptable de laisser contaminer la science, le philosophe des sciences Kevin Elliott affirme par exemple que « la poursuite des théories anthropologiques féministes est relativement facile à défendre [...][177] ».

Soit. Mais même en acceptant le bien-fondé de cette cause, cela ne permet pas d'identifier les théories précises la faisant progresser. S'agit-il des théories niant les origines biologiques des différences comportementales femmes-hommes ? Des théories présentant le patriarcat comme profondément enraciné dans l'espèce humaine ? Comme nous l'avons vu tout au long de ce livre, les réponses à ces questions ne vont pas de soi. Si le but est de soutenir le féminisme, nous pourrions tout aussi bien encourager la biologie du comportement, car comme le rappelle avec humour le biologiste David Queller :

> « Mon propre travail en sociobiologie sur les insectes sociaux insiste sur le comportement altruiste, se concentre sur les femelles plutôt que les mâles et suggère que les intérêts des ouvriers sont des déterminants cruciaux des sociétés avancées d'insectes. Cela veut-il dire que je suis un bon type, un féministe attentionné et un allié de la classe ouvrière[182] ? »

De cette condamnation à la va-vite de la biologie du comportement dépendent d'autres recommandations courantes en philosophie des sciences. Il est par exemple d'usage de suggérer que les sciences dangereuses devraient être surveillées, limitées ou carrément interdites. L'exemple du clonage humain ou de la bombe atomique est souvent donné. Néanmoins, la biologie du comportement n'est pas une technologie nous permettant de transformer le monde mais une science nous permettant de le comprendre. Pas totalement dénuée de conséquences négatives, celles-ci sont néanmoins très indirectes, et l'interdire serait équivalent à condamner la mécanique quantique lorsqu'elle est utilisée trompeusement pour promouvoir certaines médecines alternatives dangereuses[A]. On pourrait même arguer que les recherches en mécanique quantique sont à l'heure actuelle bien plus dangereuses que celles en biologie du comportement puisqu'elles poussent chaque jour des gens à mal se soigner. Mais si ces effets néfastes sont réels, le lien les reliant à la discipline elle-même est suffisamment ténu pour que l'on refuse de trouver pertinent l'arrêt de ces recherches.

A.   Tous mes lecteurs ne sont peut-être pas au courant que le vocabulaire et les concepts de la physique quantique (ondes, énergie, résonance...) sont utilisés par certains pour apposer un vernis de crédibilité sur une série d'affirmations loufoques concernant le fonctionnement du corps humain, et vendre une « médecine quantique » au passage.

Rappelons enfin que de façon très pragmatique, quand bien même il serait décidé de cesser toute recherche en biologie du comportement, cela ne ferait pas disparaître ce que l'on a déjà découvert pour autant. Ce que l'on connaît déjà de la nature humaine est largement suffisant pour permettre aux intolérants de discriminer. Et si nous arrêtions demain de faire de la recherche sur les différences cérébrales entre sexes par exemple, il ne faudrait pas longtemps pour qu'un groupuscule d'extrême droite se cotise pour acheter un scanner IRM, devenant le seul à pouvoir s'exprimer sur ces sujets sans qu'on ne puisse le contredire. Pire, de nos jours des personnes sans aucune formation scientifique peuvent découvrir des choses potentiellement dangereuses sur la nature humaine. Certains algorithmes utilisables par n'importe quel informaticien semblent capables de deviner des choses intimes sur un humain (comme son orientation politique ou sexuelle) rien qu'à partir d'une photo de son visage[B,183,184]. L'urgence aujourd'hui n'est donc pas d'enrayer ces recherches mais au contraire de former des personnes capables d'expliquer ce qu'elles signifient, et plus souvent ne signifient pas, en matière de politique et de morale. Comme l'exprime le philosophe Kevin Elliott :

> « Lorsque nous décidons s'il faut poursuivre ou non des programmes de recherche potentiellement nocifs, nous devons garder en tête les bénéfices d'avoir des personnes bien intentionnées avec une expérience de recherche dans ces domaines pour contrer ceux avec des intentions plus pernicieuses[177]. »

En résumé, les sujets abordés dans ce livre font écho à des débats anciens et non clos en philosophie des sciences sur le rôle et la nécessité des valeurs en science. Mon insistance sur l'absence de lien direct entre biologie du comportement et choix politiques n'est pas assimilable à une prise de position en faveur de la vision dénuée de valeurs, car même en acceptant que la science soit toujours et inexorablement pétrie de valeurs, resterait encore à déterminer desquelles. Les analyses faites à ce sujet restent souvent superficielles, écueil auquel j'espère que ce livre pourra aider à remédier.

B.   À l'heure actuelle, nous ne savons pas vraiment si ces algorithmes se basent sur des caractéristiques faciales stables ou des indices superficiels comme le maquillage ou la coiffure pour effectuer ces classifications.

4.4. QUELLE EST VOTRE CONFIANCE EN L'HUMANITÉ ?

Plus en amont de ce livre j'écrivais : « tant que nous aurons confiance en nos valeurs et nos lois, la recherche sur les origines génétiques des inégalités ne posera pas plus de problème que celle sur ses déterminants sociaux. »

Cette phrase vous a peut-être paru profondément optimiste. La démocratie et les droits humains ne sont-ils pas à la peine dans de nombreuses régions du monde ? Et même si nos sociétés occidentales actuelles bénéficient d'une certaine stabilité, ne sommes-nous pas sous la menace permanente d'un retour des totalitarismes ? Comment penser que l'humanité ne verra pas un jour resurgir ses pires démons ? Ce jour-là, les recherches en biologie du comportement n'auront-elles pas des conséquences dramatiques ?

Nous touchons ici à un point primordial pour comprendre l'acceptation ou le rejet de ces recherches. Faites-vous confiance à vos concitoyens pour comprendre que l'égalité en droits ne repose pas sur l'absence de différences, ou pensez-vous que la mise en évidence de différences conduira *forcément* à des discriminations ? Faites-vous confiance aux scientifiques pour n'avoir à cœur que la recherche de la vérité ou les pensez-vous tous détenteurs d'un agenda caché ? Faites-vous confiance à nos démocraties pour limiter les dérives ou imaginez-vous les institutions désintéressées de la protection des minorités ? Chacune de vos réponses à ces questions impactera votre acceptation de ces programmes de recherche. De façon quelque peu ironique, *l'évaluation de la dangerosité des recherches sur la nature humaine dépend de votre pessimisme préalable sur la nature humaine.*

Illustrons ce point avec quelques citations de critiques universitaires célèbres. La plupart semblaient en effet posséder une vision très, très[A] pessimiste de la société, des scientifiques et de la nature humaine en général. Voici par exemple comment Richard Lewontin, biologiste de formation et critique féroce de la sociobiologie, décrit les experts scientifiques dans une interview de 1975 :

A.   très.

« Les experts sont des serviteurs du pouvoir, dans l'ensemble, et doivent toujours être vus comme des serviteurs du pouvoir. On devrait toujours se poser la question, devant des faits solennellement avancés par un expert : à qui cela profite ? Quels intérêts sont servis[185] ? »

Bien que rarement en accord avec ses analyses politiques, je remercie tout de même M. Lewontin d'avoir trouvé un titre à ce livre. « À qui profitent ces recherches ? » Voilà une question au cœur des débats, tout du moins pour le camp des critiques. Avec un collectif d'universitaires, Lewontin accusera explicitement la sociobiologie de « cacher en réalité des hypothèses politiques[186] ». La sociologue Dorothy Nelkin décrira la psychologie évolutionnaire comme « non seulement une nouvelle science, mais une vision de la morale et d'un ordre social ». Les neuroscientifiques et sociologues Steven et Hilary Rose la dépeindront comme possédant un « agenda politique faisant partie de façon transparente d'une attaque de la droite libertarienne sur la collectivité[70] ».

Cette méfiance envers la science et les scientifiques se double souvent d'un pessimisme important sur les capacités du grand public à réagir de façon appropriée à ces recherches. Lorsque l'on demanda un jour au physicien et critique de la sociobiologie Bob Lange ce qu'il ferait si la preuve irréfutable de différences génétiques entre populations humaines était apportée, il répondit : « Alors je devrais évidemment devenir raciste, parce que je devrais croire les faits[69] ». Si les détracteurs de ces recherches ne sont pas eux-mêmes convaincus de leurs propres convictions antiracistes, nous pouvons imaginer le peu de cas qu'ils feront de celles des autres ! Des réticences semblent ainsi parfois découler de la conviction profonde que des découvertes scientifiques pourraient *réellement* remettre en question nos principes moraux. Ce qui acte ironiquement une proximité entre ces « progressistes » et les réactionnaires qu'ils prétendent combattre, comme l'avait remarqué le biologiste de l'évolution Theodosius Dobzhansky :

> « De façon bizarre, certaines personnes de gauche en arrivent quasiment à être d'accord avec les conservateurs hardcore, en ce sens qu'elles acceptent que s'il était montré que les gens sont divers génétiquement, alors les tentatives d'améliorer leur sort par des politiques sociales, économiques et éducatives seraient futiles, et peut-être même "contraire à la nature"[35]. »

Nouvelle illustration que les mêmes biais de raisonnements sont à l'œuvre chez les progressistes et les conservateurs : en particulier, l'emprise du paralogisme naturaliste sur nos psychologies (l'idée que « la nature est bonne ») est extrêmement puissante. Distinguer le naturel du désirable et le différent de l'inférieur est difficile pour un cerveau humain, qu'il soit progressiste ou conservateur.

Voilà en tout cas pourquoi les controverses sur la dangerosité de ces recherches perdurent depuis des décennies et ne disparaîtront probablement pas de sitôt, même entre personnes parfaitement informées du fond scientifique des débats : elles dépendent de choses aussi peu tangibles que la confiance en la capacité du grand public à ne pas succomber à des biais de raisonnement, en l'honnêteté des scientifiques et en l'impartialité des institutions. Et qu'avancer de convaincant face à quelqu'un ne partageant pas votre confiance ? Pas grand-chose d'autre qu'une collection d'exemples historiques et d'anecdotes personnelles dont la représentativité pourra toujours être remise en question[A].

4.5. EXPERTS SCIENTIFIQUES ≠ EXPERTS POLITIQUES

La plupart des détracteurs de la biologie du comportement cités dans ce livre sont des experts scientifiques reconnus. Richard Lewontin par exemple était un universitaire brillant, professeur à l'université d'Harvard et un des meilleurs généticiens des populations de sa génération. C'est peut-être pour cela qu'il a réussi à persuader tant d'universitaires de la dangerosité de ces recherches[B]. De plus, il est certain que se demander

---

A. Sans compter que la confiance se gagne en gouttes et se perd en litres.
B. Richard Lewontin (et son plus connu collègue Stephen Jay Gould) sont toujours aujourd'hui considérés comme des références majeures sur ces sujets par les chercheurs en sciences humaines et sociales. Dans le même temps, un nombre non négligeable de biologistes les accuse d'être responsables de la mauvaise éducation en biologie du comportement de ces mêmes chercheurs (ainsi que de leur hostilité toujours vivace au champ)[187-190]...

à sa suite « à qui profitent ces recherches ? » confère un petit côté politiquement conscient des plus appréciables, rappelant l'avertissement de Rabelais que « science sans conscience n'est que ruine de l'âme ».

Néanmoins, toute l'expertise scientifique des critiques ne leur permit pas de justifier leurs prises de positions extrêmes par autre chose que les quelques arguments évoqués dans ce livre : une énumération hautement sélective d'exemples historiques ayant mal tourné et une très faible confiance en la science et les institutions, vues comme des serviteurs des puissants[C]. Autrement dit, une expertise scientifique ne se traduit pas forcément en expertise politique. Si se poser la question « à qui profitent ces recherches » procure la respectabilité associée à la possession d'une conscience politique, il paraîtrait plus justifié que cette estime s'obtienne non simplement en se posant la question mais en y répondant de façon lucide. La limite entre le politiquement conscient et le politiquement parano est extrêmement ténue[D]. Personnellement, je ne trouverais pas déplacé de considérer que ces chercheurs ont outrepassé la mission leur ayant été confiée par la société (comprendre le monde) et ont abusé de leur position d'experts scientifiques pour s'exprimer sur des sujets sur lesquels ils n'avaient aucune compétence particulière[E].

Dans tous les cas, il va sans dire que vous n'êtes pas obligé·e de partager le pessimisme extrême de ces universitaires et leur manque de confiance en l'humanité. Les débats sur ces sujets ne sont pas plus compliqués que ceux que je vous ai présentés, et si vous avez réussi à comprendre le fond des problèmes, votre avis vaut maintenant autant que le leur. Quel que soit votre jugement final sur la dangerosité de ces recherches, j'espère que vous reconnaîtrez que leurs conséquences sociales ne sont dans tous les cas pas *évidentes* à estimer et ne feront donc pas *à coup sûr* le jeu de certains partis politiques. Personnellement, je ne m'opposerais pas à un moratoire sur ces recherches si la société les déclarait indésirables. Mais que ce moratoire se fasse sur la base d'un débat démocratique informé

C. Croyances liées à une idéologie très à la mode à l'époque dans les universités : Richard Lewontin est par exemple l'auteur de la phrase déjà citée « j'ai essayé avec un certain succès de guider ma recherche par une application consciente de la philosophie marxiste[80] ».

D. Parfois, être cultivé veut simplement dire être confus à un niveau plus élevé.

E. De plus, ces critiques ont régulièrement accusé la biologie du comportement d'être de la « mauvaise science » voire de la « pseudoscience », des accusations probablement en grande partie justifiées par une nécessité politique de la décrédibiliser. On pourrait donc également mettre à leur actif une opposition au progrès de la connaissance et à sa diffusion dans le public pour des raisons purement idéologiques.

et non sur les craintes, informations partielles et idéologies d'un petit nombre de chercheurs autoproclamés représentants du peuple[A].

Si vous entrez vous-même un jour dans un débat sur la dangerosité de ces recherches, ne vous laissez donc pas accuser de naïveté politique simplement parce que vous ne donnez pas dans le catastrophisme. Le débat n'a pas lieu entre un camp politiquement conscient et un autre naïf, mais entre deux façons différentes de calculer des conséquences. D'un côté ceux pour qui les recherches en biologie du comportement ne pourront faire que les affaires de l'extrême droite, de l'autre ceux pour qui ces craintes sont exagérées et passent sous silence d'autres aspects moins repoussants. Le premier camp reprochera au second de faire la danse de la pluie alors que nos sociétés se trouvent sur une pente glissante, le second rétorquera que le sens de la pente nous est inconnu.

A.　Pas une exagération : rappelez-vous du nom du collectif d'Harvard formé pour s'opposer à la sociobiologie naissante : « Groupe d'étude de la sociobiologie pour la science et pour le peuple ».

RÉSUMÉ ET CONCLUSION : LA GÉNÉTIQUE GÊNE-T-ELLE L'ÉTHIQUE ?

Nous voilà arrivés au terme de notre périple. Je ne sais pas vous, mais je prendrais bien un petit résumé.

Les recherches en biologie du comportement souffrent d'une mauvaise réputation dans certains milieux progressistes. Il n'est pas difficile de comprendre pourquoi. Accepter qu'un comportement soit biologique, génétique, évolué, naturel ou inné semble obliger à admettre qu'on ne puisse plus le changer (car le génétique serait incompatible avec le social) ou qu'on ne doive plus le changer (car ce qui est naturel serait forcément bon). Parce qu'elles semblent s'opposer au changement, ces recherches feraient donc directement le jeu des conservateurs. L'insistance des biologistes sur la présence de fonctions dans le monde vivant semble également suggérer l'existence d'un ordre naturel sur lequel les conservateurs pourront s'appuyer. Les recherches sur la justesse des stéréotypes viennent remettre en question la pertinence de lutter contre. Celles sur les bases génétiques de l'intelligence ressuscitent les débats sur l'existence de races humaines. La fonctionnalité dans la nature expliquée par l'égoïsme des gènes semble tout droit sortie d'un rêve néo-libéral à même de justifier la non-intervention de l'État dans les affaires humaines. Le « c'est pas ma faute c'est la faute à mes gènes » peut servir à déresponsabiliser les auteurs de violence, et les visions pessimistes de la nature humaine à justifier la mise en place d'états policiers.

Un coup d'œil à l'Histoire permet de se rendre compte que ces craintes ne sont pas complètement injustifiées. Les affirmations sur l'existence de différences naturelles entre hommes et femmes ont souvent servi à justifier le sexisme, et les recherches en biologie du comportement sont encore aujourd'hui récupérées par différents courants antiféministes, racistes et suprémacistes blancs. Les tragédies morales du XXᵉ siècle, eugénisme et nazisme en tête, sont là pour nous rappeler que ces récupérations peuvent tourner à la catastrophe si l'on n'y prend pas garde.

Si ces préoccupations politiques ne sont donc pas infondées, il est néanmoins possible de les trouver exagérées. D'abord car elles reposent sur un grand nombre de malentendus. Ce qui est génétique, inné ou évolué n'est pas nécessairement impossible à changer (ni même difficile). L'origine génétique d'un comportement n'exclut pas son origine sociale car les explications ne sont pas un jeu à somme nulle. Ce qui est naturel n'est pas forcément bon : nous luttons contre le naturel chaque fois que nous luttons contre la maladie et l'homicide. Sur un plan théorique comme pratique, et à part dans quelques cas extrêmes, le déterminisme biologique ne remet pas en cause la responsabilité pénale. De plus, la déresponsabilisation fait peur à tous les bords politiques : tout dépend du comportement précis déresponsabilisé. Nos acquis sociaux ne sont pas directement menacés par ces recherches car l'égalité en droits ne repose pas sur l'absence de différences. S'il n'est jamais possible d'écarter complètement la possibilité de dérives, des lois existent déjà pour les limiter. Si cela a de l'importance pour vous, les chercheurs impliqués dans ces recherches sont majoritairement progressistes et comptent dans leurs rangs de nombreuses femmes, engagées depuis des dizaines d'années dans le combat féministe. Enfin, les leçons de l'histoire sont ambiguës : les catastrophes morales du XXᵉ siècle ne doivent pas faire oublier les décennies de cohabitation pacifique avec le progrès social, en particulier ces soixante dernières années où nos connaissances dans le domaine ont explosé. Si la biologie du comportement peut se révéler utile à des programmes politiques conservateurs ou intolérants, ceux-ci resteront toujours la conséquence de découvertes scientifiques *additionnées de valeurs morales*, pas de découvertes scientifiques seules.

De plus, il est également possible de mettre en avant les potentiels apports de ces recherches au progrès social. Premièrement, aller récupérer la biologie des mains des conservateurs augmentera automatiquement la crédibilité des progressistes sur ces sujets. Actuellement, les conservateurs n'ont qu'à avancer des banalités pour convaincre car leurs adversaires politiques ont pris l'habitude depuis des dizaines d'années de rejeter des pans entiers de littérature scientifique. Affirmer l'origine génétique de certaines différences cognitives suffit par exemple à discréditer tous les mouvements construits sur l'hypothèse d'une origine exclusivement sociale de ces différences.

La biologie du comportement peut également mettre en évidence des inégalités génétiques passées jusque-là inaperçues et aider à mettre en place des politiques publiques plus efficaces, débarrassées du facteur confondant de la génétique. Le déterminisme génétique si souvent reproché à ces recherches peut aussi conduire à penser que personne ne mérite vraiment son succès, et donc à faire accepter les politiques de redistribution des richesses. Si personne ne mérite son succès, ce n'est pas seulement parce que celui-ci est dépendant d'un environnement, mais parce que même les gènes qui le permettent ont été obtenus à une loterie. Cette contribution du hasard à nos accomplissements permet également de déculpabiliser ceux qui n'ont pas réussi dans la vie, ou que l'on qualifie malheureusement encore trop souvent d'« anomalies de la nature ».

La biologie du comportement permet également de lutter contre le relativisme extrême en rappelant qu'il existe un socle commun de besoins, désirs et préférences chez tout être humain. Elle combat l'idée que les humains sont infiniment malléables, idée ayant poussé des régimes totalitaires à s'engager dans des campagnes d'ingénierie sociale aussi catastrophiques que celles des nazis. De façon générale, la biologie du comportement peut nous aider à créer des sociétés plus épanouies où les préférences et potentialités de chacun pourront s'exprimer. Les valeurs n'existant pas dans la nature, elle offre un cadre explicatif non moralisateur et apaisant, reconnaissant l'existence de tendances aux comportements sans pour autant nier leur variabilité. La biologie du comportement tend un miroir à l'humanité pour lui permettre de construire des sociétés moins sujettes à tensions.

Au final, si non seulement les conséquences négatives de ces recherches sont exagérées mais que celles positives ont été passées sous silence, il ne paraît plus si justifié de les rejeter. Vous devez maintenant mieux comprendre pourquoi les biologistes travaillant sur ces questions ne sont pas spécialement inquiets des implications de leurs recherches. Ce n'est pas, comme on essaie de le faire croire parfois, qu'ils n'ont aucune conscience politique[A]. Plus banalement, ils n'effectuent pas le calcul des conséquences de leurs travaux de la même façon qu'une frange militante bruyante dans le paysage médiatique. Ils insistent sur le fait que les catastrophes sociales tant redoutées ne peuvent être atteintes qu'en empruntant des chemins tortueux dépendant intégralement de la possession de certaines valeurs morales douteuses. Ces recherches ne sont connectées ni au bien ni au mal, mais à ce que nos sociétés décideront d'en faire.

Soutenir cela ne revient pas à affirmer que science et politique ne font jamais bon ménage ni que la politique devrait toujours être tenue le plus possible à l'écart de la science. Au contraire, le message principal de ce livre est bien que la politique *devrait* être basée sur la science, mais une science non résumée aux seules explications sociales des comportements. Le seul domaine où la science n'a pas droit de cité est celui des

---

A.	Profitons de ce moment pour dire un mot des véritables « inconscients politiques » que j'ai délibérément laissés de côté en introduction de ce livre : ceux qui pensent que l'on devrait continuer à faire de la recherche sans se préoccuper de ses conséquences, et que la possibilité de dérives, aussi malheureuses soient-elles, ne devrait pas passer devant la nécessité absolue de comprendre le monde. Aussi choquante que cette position puisse paraître à certains, elle n'est pas si insensée que cela, et pourrait même être reformulée en un calcul de conséquences particulier (les conséquences de se préoccuper de conséquences seraient mauvaises) et un attachement à certaines valeurs particulières (la capacité de continuer à améliorer notre compréhension du monde par-delà les idéologies qui vont et viennent conférerait de la dignité à l'humanité). Que vous soyez d'accord avec cela ou pas, il s'agit fondamentalement de jugements de valeur qui ne seront rejetés par aucun argument factuel.

affirmations de supériorité de valeurs morales, et c'est bien pour cela que tout progressiste confiant dans ses valeurs ne devrait pas craindre ces recherches. Estimer leurs conséquences sociales est bien plus difficile que ne l'ont affirmé quelques universitaires portés par un pessimisme certain sur la nature humaine, la science et nos démocraties. Libéraux, libertariens, conservateurs, marxistes, communistes et féministes ont tous historiquement trouvé des raisons de se réjouir et s'attrister de ces recherches. Leur enthousiasme a varié au gré des qualités incluses dans la nature humaine (bonté ou malveillance, altruisme ou égoïsme, pardon ou rancune), de la propension à insister sur les différences ou les ressemblances, de l'utilisation du concept de nature pour rassembler ou déshumaniser, du type de comportement déresponsabilisé. Chaque parti puise dans ces recherches ce qui l'y intéresse : l'intolérance et la tolérance précèdent souvent la connaissance.

Si un débat sociétal doit avoir lieu sur ces sujets, qu'il soit informé, minimisant les malentendus et impliquant un échantillon d'humains non restreint à une poignée d'universitaires dont l'expertise scientifique n'a aucune raison de se transformer nécessairement en lucidité politique. Ce livre a pour objectif de favoriser un tel débat, en donnant de la visibilité à des idées qui ne bénéficient généralement pas du même temps de parole que les autres. Nul besoin, comme tant de conservateurs, de faire des inégalités génétiques des obstacles insurmontables et de systématiquement vouloir conserver, imiter et chérir la nature. Mais pas besoin non plus, comme tant de progressistes, de nier en permanence les origines génétiques des comportements comme si les reconnaître allait tous nous transformer en racistes et sexistes du jour au lendemain. Des chemins alternatifs existent, même si la voie précise à emprunter sera laissée à votre appréciation[B].

B. Recommander d'emprunter une voie alternative entre plusieurs extrêmes vaut généralement d'être accusé de succomber au « sophisme du juste milieu » : préconiser une voie simplement parce qu'elle est entredeux et non sur la base de ses mérites intrinsèques. J'espère que cette accusation ne me sera pas adressée, cet ouvrage ayant précisément pour but de présenter les avantages intrinsèques à cette alternative. De plus, je n'affirme pas que cette voie du milieu se matérialise en pratique par les partis centristes dans le paysage politique actuel. Il me semble même que certaines idées développées plus haut mériteraient le qualificatif de « radicales » une fois importées dans le débat politique. Enfin, notons que la biologie du comportement semble intrinsèquement associée à une certaine forme de modération. Le fait que tout trait soit à la fois le produit de gènes et d'environnements (le consensus interactionniste) semble interdire les visions trop optimistes et pessimistes sur la possibilité de changer. La dualité de la nature humaine, à la fois égoïste et altruiste, comme celle des processus évolutifs en général (l'égoïsme des gènes pouvant mener à la coopération) semble également contraindre à la modération.

Si vous étiez tenté·e par l'un d'entre eux, ne vous attendez pas à une partie de plaisir. Les progressistes, trop habitués à se battre contre les discriminations en niant les différences, ont fini par associer tous ceux les embrassant à des intolérants, des racistes ou des sexistes. Une fois accusé·e de ces maux, vos soutiens publics se feront très discrets, car la remise en question du caractère réellement raciste ou sexiste de quelqu'un est déjà considérée suspecte par beaucoup[69]. Les milieux militants dans lesquels ces recherches sont estampillées ennemi public numéro un utilisent tous les moyens à leur disposition pour parvenir à leurs fins : moqueries et injures mais également diffamation et menaces, les exemples historiques sont nombreux[191]. Ceci explique le déséquilibre dans la représentation des idées ayant motivé ce livre : le climat politique actuel rend la prise de parole sur ces sujets relativement ardue. Et lorsque le camp progressiste vous donnera du répit, le camp conservateur prendra le relais, s'offusquant ironiquement pour les mêmes raisons : l'incompréhension que vous puissiez accepter l'existence de différences génétiques entre humains sans en conclure quoi que ce soit au niveau politique.

Enfin, lorsque vous ne serez ni attaqué·e par la gauche ni attaqué·e par la droite, certaines des recherches que vous défendez seront récupérées par l'extrême droite. C'est dans ces moments-là qu'il faudra être le plus fort mentalement. Ce tiraillement entre volonté de comprendre le monde tel qu'il est et volonté de le comprendre sans que cela ne permette à des idéologies mortifères de prospérer est inéluctable. Le biologiste de l'évolution John Maynard-Smith, à la fois défenseur de ces recherches et marxiste dans sa jeunesse, décrit ce tiraillement de façon touchante :

« J'ai beaucoup des réactions d'horreur instinctives des gens de mon âge face aux applications de la biologie aux sciences sociales. Je vois... les théories de la race, le nazisme, l'antisémitisme, tout ça. Donc ma réaction initiale à la sociobiologie de Wilson était une réaction profonde de détresse et de contrariété. [...] J'étais horrifié – peut-être trop horrifié, mes réactions instinctives étaient peut-être trop fortes. D'un autre côté, je suis tout aussi perturbé et en colère contre le caractère irraisonnable de la plupart des critiques ayant été faites à Wilson[69]. »

Si vous souhaitez faire mieux que vos aînés et que les débats avancent, c'est sur ce point qu'il faudra travailler : ne rien céder à ceux qui font dire à ces recherches des choses qu'elles n'impliquent pas mais ne pas abdiquer non plus face à ceux qui les décrédibilisent, les caricaturent et les accablent d'une charge anormale de scepticisme. Les combats contre soi-même sont les plus difficiles à mener et celui-ci n'y fera pas exception : la tentation de vous désavouer publiquement face aux récupérations politiques sera forte. Reconnaître que finalement, la recherche en biologie du comportement humain est peut-être bien intrinsèquement raciste et sexiste suffira à montrer votre appartenance au « bon » camp et vous fera tout de suite vous sentir mieux avec vous-même. Il est néanmoins évident que votre engagement politique n'a pas pour finalité votre propre bien-être ni l'augmentation de votre nombre d'amis. Si ce livre vous a convaincu de l'importance du retour de ces recherches dans le giron progressiste, votre inconfort mental en sera le prix à payer.

Ce qui permet de conclure sur une note positive : cet inconfort n'est pas éternel et disparaîtra le jour où suffisamment d'hommes et de femmes progressistes reconnaîtront publiquement que ces recherches sont à prendre au sérieux et pas nécessairement associées à des politiques discriminatoires. Ce jour-là, les conservateurs ne pourront plus s'en servir pour décrédibiliser facilement les mouvements pour la justice sociale et les progressistes cesseront d'accuser leur propre camp de racisme et de sexisme. Cette masse critique de soutiens sera-t-elle atteinte dans deux ans ou dans trente ? Cela ne dépend que de vous. À vous de planter les graines pour que la génération suivante puisse avoir de l'ombre.

POSTFACE

En tant que chercheur travaillant, entre autres, sur les facteurs génétiques sous-jacents au comportement humain, ou encore sur les différences cognitives et cérébrales entre les sexes, j'ai vite eu l'occasion de remarquer que parler de ces sujets en public engendrait des expériences inhabituelles, par rapport à d'autres de mes sujets de recherche. On se retrouve souvent confronté à des oppositions d'une nature très particulière.

En effet, ce n'est pas tant un problème de désaccord scientifique. Des désaccords, il y en a sur tous les sujets, et tout chercheur qui expose ses résultats, par écrit ou par oral, y est habitué. Débattre (parfois âprement) de la validité et de l'interprétation de ses propres résultats et de ceux des autres, cela fait partie du métier. Mais curieusement, dans les domaines que j'ai cités, et plus généralement concernant la biologie du comportement humain, les débats publics portent rarement sur les questions de fond et sur les données. Ils portent le plus souvent sur les implications (présumées) des résultats et sur les intentions (présumées) des chercheurs qui en font état. La question de la vérité des énoncés semble reléguée au second plan par rapport à la dénonciation de leur caractère scandaleux. C'est évidemment très déstabilisant pour le chercheur non averti, habitué à défendre ses conclusions sur la base de données et d'arguments méthodologiques et logiques.

On se retrouve confronté à des gens qui, sous prétexte qu'ils se pensent dans le « camp du bien », s'attaquent à tout résultat qui leur semble alimenter le « mal ». Et on se retrouve à devoir perdre beaucoup de temps à réfuter des sophismes, plutôt qu'à communiquer sur les données scientifiques ou à travailler à en produire de nouvelles.

Le pire, c'est qu'il n'y a bien souvent pas de désaccord politique substantiel entre le chercheur qui présente des résultats de la biologie du comportement, et son détracteur qui l'accuse d'être raciste, sexiste, faisant le jeu de l'extrême droite. Ces accusations (pas toujours voilées) sont donc d'autant plus désagréables qu'elles sont totalement injustes. Ce qui est en cause, c'est avant tout l'idée que se font certains des implications de la biologie du comportement. Mais ces idées sont elles-mêmes très discutables, comme ce livre en fait l'excellente démonstration.

Ce qui est en cause également, c'est l'idée selon laquelle connaître la vérité sur l'état du monde est une préoccupation secondaire, qui doit être subordonnée aux objectifs politiques (forcément justes et prioritaires, puisqu'on est dans le « camp du bien »). Idée pourtant insupportable à la plupart des chercheurs pour qui la recherche de la vérité est le but premier de leur activité, et n'a pas à être compromise, qu'on aime cette vérité ou pas. Cette confusion basique entre les faits et les valeurs, pourtant connue de longue date, n'en finit pas d'être commise.

L'argumentaire que Stéphane Debove déploie dans ce livre, j'ai moi-même été obligé de le réinventer pièce par pièce, en réponse aux commentaires reçus lors de mes conférences, sous mes articles de blog et sur les réseaux sociaux. De même que nos aînés précurseurs de la sociobiologie ont eu à l'élaborer il y a déjà 50 ans. Comme dans un vieux film de zombies, on passe son temps à détruire toujours les mêmes critiques, mais elles se relèvent et reviennent à l'attaque sans cesse.

Il était donc grand temps qu'un recueil complet et à jour des origines des oppositions à la biologie du comportement et des contre-arguments qu'on peut leur opposer soit fait. Stéphane Debove s'est attelé à cette tâche ingrate, qu'il en soit remercié. Si ce livre ne parviendra sans doute pas à faire changer d'avis ceux qui sont en guerre contre les résultats scientifiques qui leur déplaisent, il permettra au moins peut-être à la prochaine génération de chercheurs de gagner un peu de temps.

Franck Ramus
Directeur de recherche au CNRS
Auteur du blog *Ramus méninges*
https://ramus-meninges.fr/

ANNEXE

I. HOMME OU FEMME, UNE QUESTION SI SIMPLE ?

Les mots « homme » et « femme » ne signifient pas la même chose pour tout le monde. Pour beaucoup, ils font référence au sexe biologique. Néanmoins, celui-ci n'est pas toujours facile à déterminer : faut-il se référer à la possession de chromosomes particuliers (XX ou XY), de gonades particulières (ovaires ou testicules) ou d'organes particuliers (présence d'un pénis, d'une vulve, etc) ? Pour une grande majorité d'humains, la question ne se pose pas car tous ces critères concordent : les sexes gonadique, génétique et anatomique sont les mêmes. Mais du fait de la variabilité omniprésente en biologie, certaines personnes ont un sexe chromosomique, gonadique et/ou anatomique non concordant. De plus, chez certains humains, un critère particulier peut fournir une réponse ambiguë quand on l'interroge : comment qualifier par exemple quelqu'un possédant comme chromosomes sexuels le trio XXY ? Pour toutes ces personnes présentant une configuration biologique particulière (dans le sens de peu répandue), la distinction classique et binaire entre homme et femme s'avère insatisfaisante (et le qualificatif d' « intersexe » est généralement utilisé pour les désigner).

D'autres personnes préfèrent se baser sur le ressenti psychologique plutôt que le sexe biologique pour établir la distinction femme/homme. Est femme celle qui se sent femme, est homme celui qui se sent homme (un sentiment souvent appelé « identité de genre »). De nouveau, pour la grande majorité des humains, donner de l'importance à l'identité de genre plutôt qu'au sexe biologique ne change pas grand-chose car les deux concordent : la plupart des personnes s'étant vu attribuer le sexe masculin à la naissance se sentent hommes (et inversement pour les femmes). Néanmoins, ceci n'est pas vrai pour tout le monde, et certains humains s'identifient (à des degrés divers) à un genre autre que celui correspondant généralement à leur sexe de naissance.

Enfin, un dernier critère est parfois utilisé pour distinguer les hommes des femmes : la capacité à assumer un certain rôle reproductif et, ajouteront les biologistes de l'évolution, à produire de gros ou de petits gamètes (ovocytes ou spermatozoïdes). Dans ce cas, une classification binaire redevient justifiée, car quelles que soient les caractéristiques chromosomiques, gonadiques ou anatomiques, et quelle que soit l'identité de genre d'un humain, soit il produit de gros gamètes, soit il n'en produit pas.

En résumé, les mots « femme » et « homme » peuvent vouloir dire des choses différentes selon que la primauté soit donnée au ressenti psychologique ou au sexe biologique, et même une fois le choix fait entre ces voies, la multiplicité des critères possibles à l'intérieur de chacune pourrait vous conduire à qualifier de femme une personne que votre voisin de gauche considère comme un homme. Résumé encore plus succinct : c'est compliqué.

Le sens des mots n'appartient à personne et vous êtes libre d'adopter la définition que vous voulez. Le plus important, il me semble, est d'une part de l'expliciter pour éviter les malentendus en public, et d'autre part de ne pas trop en vouloir à ceux utilisant une définition différente[A] car toutes peuvent se justifier et avoir leurs avantages dans un contexte particulier. Dans le même temps, si votre définition vous conduit à ne distinguer que deux sexes, qu'elle ne vous empêche pas de reconnaître la variabilité biologique et psychologique pouvant exister sous d'autres définitions.

Et moi alors, quelle définition ai-je employé dans ce livre ? Vu la diversité des données brassées (génétiques, évolutionnaires, cérébrales et psychologiques), je n'ai pu me tenir à une seule. Lorsque je parle de stratégies évolutives par exemple, j'ai en tête la définition des biologistes de l'évolution divisant les mammifères en deux sexes assumant chacun un rôle reproductif particulier. Mais lorsque je parle des préférences des hommes et des femmes pour certains métiers, je suis alors plus focalisé sur les aspects psychologiques et la démarcation en termes d'identité de genre me paraît plus pertinente. Enfin, lorsque je discute une citation, j'ignore évidemment tout de la définition favorisée par son auteur·e.

J'espère que mes lecteurs et lectrices sauront me pardonner ces imprécisions et choisir par eux-mêmes la définition la plus pertinente en fonction du contexte. Félicitons-nous tout de même que, comme indiqué dans le texte principal, le cœur de mon propos soit relativement indépendant de ces débats. Tous les critères couramment utilisés pour distinguer les hommes des femmes pourraient en effet avoir des bases génétiques (plus que vous ne le pensez) et donc soulever les mêmes questions pour la justice sociale que celles discutées dans ce livre.

A.   Sauf s'ils s'en servent pour discriminer bien sûr.

II. « GÈNES DE L'INTELLIGENCE » : CE QU'IL FAUT SAVOIR

L'idée de base de ces études (appelées « études GWAS » en jargon scientifique, prononcer « Djiwasse ») est simple : prenez plusieurs centaines de milliers d'individus, questionnez-les sur leur nombre d'années d'études (ou faites-leur passer un test de QI) et séquencez en parallèle certaines régions de leur génome que l'on sait être très variables d'un individu à l'autre (appelées SNPs, prononcer « Snip »). Ne reste plus ensuite qu'à regarder si, parmi les personnes ayant fait le plus d'études (ou ayant les plus gros QIs), les mêmes variations du génome sont surreprésentées.

Et la réponse est oui. Certaines variations sont plus souvent retrouvées chez les personnes ayant fait de longues études ou ayant un haut QI. Ce qui justifie dans un sens de dire que l'on a découvert des « gènes de l'intelligence » ou, de façon plus rigoureuse, des « allèles (ou SNPs) associés à l'intelligence (ou au QI) ».

Ceci étant dit, différents points doivent être gardés en tête pour donner à ces résultats l'importance qu'ils méritent.

Tout d'abord, on ne répétera jamais assez que l'existence d'« allèles de l'intelligence » ne veut pas dire que l'intelligence est 100 % génétique et insensible à l'environnement : ces allèles ne seraient rien sans l'existence d'un certain environnement pour leur permettre de s'exprimer, se renforcer ou se réprimer (section 2.2). De plus, ces études ne veulent pas dire qu'une personne naissant avec un grand nombre de variations associées à l'intelligence ou aux études sera *forcément* plus intelligente ou fera *forcément* beaucoup d'études. Tant de paramètres déterminent la trajectoire d'un humain particulier qu'il est impossible d'avoir de certitudes à ce sujet. Il est toujours question de tendances statistiques et de probabilités, pas de certitudes.

Ensuite, il n'a pas été trouvé une seule ni même quelques variations associées à l'intelligence ou aux longues études (ce qui peut parfois être sous-entendu par les articles titrant sur la découverte d'*un* gène de l'intelligence), mais des milliers. Chacune a généralement un effet minuscule : typiquement, une augmentation de la durée d'études de... quelques jours seulement ! Ne vous imaginez donc pas pouvoir transformer Averell Dalton en Albert Einstein par le transfert d'un seul gène. Néanmoins, lorsque les effets de toutes ces variations sont mis bout à bout, des différences notables apparaissent.

Troisièmement, les résultats de ces études sont très « localisés » dans le sens où ils ne sont valables que pour la population étudiée, dans l'environnement étudié. La même étude faite sur deux populations différentes peut trouver des variations du génome associées à l'intelligence différentes : les résultats d'une étude ne sont pas facilement transposables à d'autres populations.

Quatrièmement, si les chercheurs sont capables de reconnaître une variation impliquée, ils n'ont généralement aucune idée de la façon dont elle produit ses effets. Des « gènes de l'intelligence » vous font probablement penser à des séquences d'ADN augmentant la taille de certaines régions cérébrales, accélérant la vitesse de transmission des signaux électriques, augmentant la connectivité entre régions du cerveaux. Tous ces effets sont possibles et des exemples d'effets *directs*. Néanmoins, il se pourrait que certains allèles produisent leurs effets par des voies beaucoup plus indirectes et n'ayant en réalité aucun rapport avec le cerveau ! Comment est-ce possible ? Imaginez un allèle codant pour des cheveux roux. Et imaginez que notre système éducatif, pour une raison quelconque, ait décidé de discriminer les roux[A]. Les instituteurs auraient par exemple reçu pour consigne de les mettre au coin toute la journée pendant qu'ils donnent classe aux autres. Ce traitement aurait évidemment pour conséquence de diminuer le niveau d'étude moyen des roux. Conséquence qui serait indirectement liée à la possession d'un allèle particulier. Mais a-t-on vraiment envie de conclure pour autant que le manque d'éducation des roux aurait été *causé* par cet allèle ?

Pas vraiment. Pourtant, c'est ce que peuvent parfois faire ces études cherchant des variations d'ADN associées à l'intelligence ou à l'éducation. Parmi toutes les variations trouvées, certaines auront des effets directs (par modification de la structure du cerveau) mais d'autres des effets beaucoup plus indirects (à la manière de l'allèle des roux). De plus, comme certains allèles sont toujours hérités ensemble, les chercheurs ne sont jamais certains qu'une variation impliquée est réellement responsable du trait étudié plutôt qu'une autre héritée en même temps. C'est un peu comme si l'on concluait qu'un incendie a été causé par le tonnerre plutôt que l'éclair parce que ces deux phénomènes sont toujours observés ensemble. La génétique est en quelque sorte toujours dans cet état

---

A. Rien de personnel contre cette couleur capillaire, je promets. Il s'agit simplement de l'exemple historique pris par le premier chercheur ayant parlé de ces effets[192].

de connaissance primitif : malgré des progrès incroyables ces dernières décennies, elle n'est toujours pas suffisamment avancée pour identifier à coup sûr les variations « causant » réellement les comportements. Elle conclut donc parfois que le tonnerre a causé l'incendie[A].

Ces limites sont importantes et à garder en tête, en particulier cette dernière : *lorsque vous entendez parler d'une variation « impliquée » dans un comportement, la plupart du temps, les chercheurs n'ont aucune idée d'à quel point cette implication est directe*. Néanmoins, tout cela ne doit pas conduire à rejeter complètement ces études comme le font certains.

Tout d'abord, soyons magnanimes : il n'est pas si absurde que cela de conclure que le tonnerre a causé l'incendie. C'est peut-être absurde pour nous qui connaissons les *mécanismes* de démarrage des incendies et savons qu'un bruit ne cause pas de départ de feu, mais un humain privé de cette connaissance il y a quelques siècles n'aurait pas été si bête que cela de suspecter le tonnerre d'avoir brûlé sa grange.

Ensuite, ce n'est pas complètement faux de dire que les variations impliquées de façon indirecte sont « causalement » impliquées : une personne ne possédant pas l'allèle codant pour la couleur rousse aura effectivement plus de chances de réussir ses études. Simplement, ces effets sont également dépendants de la présence d'un certain environnement (un système éducatif discriminant).

Troisièmement, il est possible de minimiser la détection de tels allèles en étudiant des populations plus homogènes[193]. Si l'allèle roux se retrouve associé à une éducation moins longue dans mon exemple fictif, c'est parce qu'il est systématiquement accompagné d'une discrimination sociale à l'école. Pour contourner ce problème, il suffirait donc de n'étudier que des populations discriminées ou des non discriminées. La question posée deviendrait alors : « parmi les personnes discriminées (ou non discriminées), quelles variations génétiques semblent associées à une longue durée d'études ? ». Dans ce cas, l'allèle roux ne pourrait plus être identifié comme important. Bien entendu, mon exemple fictif est relativement simpliste et dans la vraie vie, il n'est pas toujours facile de savoir quelles populations sont systématiquement soumises à un traitement social particulier. Néanmoins, chaque fois que les généticiens suspecteront la présence de l'un d'entre eux (qu'il s'agisse de discrimination ouverte ou plus banalement d'un critère traditionnellement considéré comme important en sciences sociales, comme le niveau socio-économique),

---

A. La plupart du temps, le chercheur prudent n'emploiera pas le verbe « causer » mais des termes plus modestes tels que « impliqué », « corrélé », « associé », etc.

ils pourront modifier leur échantillon pour éviter d'identifier des variations d'ADN ayant peu de rapport avec le trait étudié.

Quatrièmement, lorsque la même étude répliquée sur des populations différentes découvre des SNPs différents impliqués, cela ne veut pas forcément dire qu'il y a contradiction. Il est possible (et en réalité courant) que ces études aient identifié des variations qui, bien que situées à des endroits différents du génome, codent toutes pour le même gène – or ce sont bien les gènes qui comptent au final pour la bonne expression d'un trait.

Enfin, si les mécanismes d'action précis des variations sont souvent inconnus, il est tout de même possible de regarder dans quels types de tissus les gènes associés s'expriment. Si un allèle associé à une plus longue durée d'études s'exprime dans le cerveau, on aura de meilleures raisons de penser qu'il est impliqué directement (par rapport à s'il s'exprime dans le genou, ou, pour prolonger notre exemple capillaire, dans les cheveux[B]).

Voilà tout ce que vous devez garder en tête lorsque vous entendez parler des recherches sur les « gènes du comportement » ! Comme toujours en science, ces études n'offrent pas de certitudes absolues et possèdent des limites atténuant la portée de leurs résultats. Mais si ces limites sont réelles, elles ne doivent pas conduire à rejeter en bloc la pertinence de telles études. L'affirmation que l'on a trouvé des milliers d'allèles associés à une plus grande probabilité de faire de longues études ou d'avoir un fort QI (entre autres milliers de traits) reste vraie.

B.   Mais n'oublions pas que le cerveau n'est pas le seul organe impliqué dans les comportements (je pense en particulier aux organes produisant des hormones).

RÉFÉRENCES

1. HUGO, V. Les Misérables, Tome 1 (1862).

2. LEWONTIN, R. C., ROSE, S. & KAMIN, L. J. Not in Our Genes : Biology, Ideology and Human Nature (Penguin Books Ltd, 1984).

3. HAGEN, E. H. Controversial Issues in Evolutionary Psychology in The Handbook of Evolutionary Psychology 145–173 (JohnWiley & Sons, Inc., 2005).

4. VANDERMASSEN, G. Who's Afraid of Charles Darwin? : Debating Feminism and Evolutionary Theory (Rowman & Littlefield Publishers, 2005).

5. PINKER, S. Comprendre la nature humaine (Odile Jacob, 2005).

6. SINGER, P. Une gauche darwinienne – Evolution, coopération et politique (Cassini, 2002).

7. HUBBARD, R. The Politics of Women's Biology (Rutgers University Press, 1990).

8. TUANA, N. The Less Noble Sex : Scientific, Religious, and Philosophical Conceptions of Woman's Nature (Indiana University Press, 1993).

9. FAUSTO-STERLING, A. Myths Of Gender : Biological Theories AboutWomen And Men, Revised Edition (Basic Books, 1992).

10. ARISTOTE. La Politique (−349).

11. SMITH, E. A. et al. Anthropological Applications of Optimal Foraging Theory : A Critical Review. Current Anthropology 24, 625–651 (1983).

12. ROSSER, S. V. Biology & Feminism : A Dynamic Interaction (Twayne Pub, 1992).

13. Feminism and Science (éd. TUANA, N.) (Indiana University Press, 1989).

14. DAVIES, N. B., KREBS, J. R. & WEST, S. A. An Introduction to Behavioural Ecology (Wiley-Blackwell, 2012).

15. TRIVERS, R. Parental Investment and Sexual Selection in Sexual Selection and the Descent of Man (1972).

16. PARKER, G. A., BAKER, R. R. & SMITH, V. G. F. The Origin and Evolution of Gamete Dimorphism and the Male-Female Phenomenon. Journal of Theoretical Biology 36, 529–553 (1972).

17. QUELLER, D. C. Why Do Females Care More than Males? Proceedings of the Royal Society of London. Series B : Biological Sciences 264, 1555–1557 (1997).

18. ARCHER, J. The Reality and Evolutionary Significance of Human Psychological Sex Differences. Biological Reviews 94, 1381–1415 (2019).

19. BUSS, D. M. Evolutionary Psychology : The New Science of the Mind 455 (2014).

20. SCHMITT, D. P. Fundamentals of Human Mating Strategies in The Handbook of Evolutionary Psychology 258–291 (John Wiley & Sons, Ltd, 2015).

21. STEWART-WILLIAMS, S. The Ape That Understood the Universe : How the Mind and Culture Evolve (Cambridge University Press, 2018).

22. BUSS, D. M. The Handbook of Evolutionary Psychology Vol. 1 (2016).

23. BECQUEMONT, D. Une régression épistémologique : le "darwinisme social". Espace Temps 84, 91–105 (2004).

24. CLAVIEN, C. Chapitre 38. Évolution, société, éthique : darwinime social versus éthique évolutionniste in Les mondes darwiniens 1123–1152 (Éditions Matériologiques, 2011).

25. BECQUEMONT, D. Darwinisme social et eugénisme anglo-saxons. Revue d'Histoire de la Shoah 183, 143–158 (2005).

26. SPENCER, H. Social Statics : The Conditions Essential to Human Happiness Specified, and the First of Them Developed (Schalkenbach, 1851).

27. DAWKINS, R. Le gène égoïste (1976).

28. PEARSON, K. Darwinism, medical progress and eugenics ; the Cavendish lecture, 1912, an address to the medical profession (Ulan Press, 1912).

29. CECI, S. & WILLIAMS, W. M. Should Scientists Study Race and IQ? YES : The Scientific Truth Must Be Pursued. Nature 457, 788–789 (7231 2009).

30. ROSE, S. Darwin 200 : Should Scientists Study Race and IQ? NO : Science and Society Do Not Benefit. Nature 457, 786–8 (2009).

31. DECASIEN, A. R., GUMA, E., LIU, S. & RAZNAHAN, A. Sex Differences in the Human Brain : A Roadmap for More Careful Analysis and Interpretation of a Biological Reality. Biology of Sex Differences 13, 43 (2022).

32. EAGLY, A. H. The Science and Politics of Comparing Women and Men. American Psychologist 50, 145–158 (1995).

33. GAUVRIT, N. & RAMUS, F. Dossier Masculin – Féminin : la « méthode Vidal ». Science et pseudo-sciences 309 (2014).

34. HEYER, É. & REYNAUD-PALIGOT, C. « On vient vraiment tous d'Afrique ? » : Des préjugés au racisme : les réponses à vos questions (Flammarion, 2019).

35. DOBZHANSKY, T. Genetics and Equality. Science 137, 112–115 (1962).

36. UNESCO. The Race Question – UNESCO Digital Library 1950.

37. UNESCO. Declaration of Principles on Tolerance ; UNESCO 1996.

38. HAGEN, E. H. The Evolutionary Psychology FAQ https://grasshoppermouse.github.io/evpsychfaq/.

39. HARDEN, K. P. La loterie génétique – Comment les découvertes en génétique peuvent être un outil de justice sociale (Les Arènes, 2023).

40. SPERBER, D. La Pertinence : communication et cognition (Editions de Minuit, 1989).

41. LOEHLIN, J. C., LINDZEY, G. & SPUHLER, J. N. Race Differences in Intelligence xii, 380 (W H Freeman/Times Books/Henry Holt & Co, 1975).

42. EDWARDS, A. Human Genetic Diversity : Lewontin's Fallacy. BioEssays 25, 798–801 (2003).

43. MAYR, E. Animal Species and Evolution (Belknap Press, 1963).

44. ORY, P. L'invention du bronzage (Flammarion, 2018).

45. MOFFITT, T. E. Life-Course-Persistent versus Adolescence- Limited Antisocial Behavior in Developmental Psychopathology 570–598 (JohnWiley & Sons, Ltd, 2015).

46. Tielbeek, J. J. et al. Genome-Wide Association Studies of a Broad Spectrum of Antisocial Behavior. JAMA psychiatry 74, 1242–1250 (2017).

47. IP, H. F. et al. Genetic Association Study of Childhood Aggression across Raters, Instruments, and Age. Translational Psychiatry 11, 1–9 (1 2021).

48. Ritchie, S. J. & Tucker-Drob, E. M. How Much Does Education Improve Intelligence ? A Meta-Analysis. Psychological Science 29, 1358–1369 (2018).

49. Joyce, R. The Evolution of Morality (MIT Press, 2006).

50. Trahan, L., Stuebing, K. K., Hiscock, M. K. & Fletcher, J. M. The Flynn Effect : A Meta-analysis. Psychological bulletin 140, 1332–1360 (2014).

51. Ramus, F. Les écueils du débat sur les différences cognitives et cérébrales entre les sexes Ramus méninges. https://ramus-meninges.fr/2018/02/27/ecueils-debat-differences-cognitives-cerebrales-sexes-2/.

52. Dawkins, R. The Extended Phenotype : The Long Reach of the Gene (Oxford University Press, 1982).

53. Wright, R. L'animal moral : Psychologie évolutionniste et vie quotidienne (Folio documents, 2005).

54. Hull, D. L. Genes, FreeWill and Intracranial Musings. Nature 406, 124–125 (6792 2000).

55. Scurich, N. & Appelbaum, P. The Blunt-Edged Sword : Genetic Explanations of Misbehavior Neither Mitigate nor Aggravate Punishment. Journal of Law and the Biosciences 3, 140–157 (2016).

56. Wakim, N. Les propos sur la génétique de Nicolas Sarkozy suscitent la polémique. Le Monde (2007).

57. Mill, J. S. Sur La Nature (1874).

58. Hume, D. Traité de La Nature Humaine (1739).

59. Gurven, M. & Kaplan, H. Longevity among Hunter-Gatherers : A Cross-Cultural Examination. Population and Development Review 33, 321–365 (2007).

60. Averett, S. & Korenman, S. The Economic Reality of the Beauty Myth. The Journal of Human Resources 31, 304–330 (1996).

61. Johnston, D. W. Physical Appearance and Wages : Do Blondes Have More Fun? Economics Letters 108, 10–12 (2010).

62. Glied, S. & Neidell, M. The Economic Value of Teeth. Journal of Human Resources 45, 468–496 (2010).

63. Hamermesh, D. S. Beauty Pays : Why Attractive People Are More Successful (Princeton University Press, 2011).

64. Anýžová, P. & Matějů, P. Beauty Still Matters : The Role of Attractiveness in Labour Market Outcomes. International Sociology 33, 269–291 (2018).

65. Ramus, F. Dossier Masculin – Féminin : l'histoire du « gène gay ». Science et pseudo-sciences 309 (2014).

66. Chomsky, N. For Reasons of State (New Press, The, 1973).

67. Rawls, J. A Theory of Justice (1971).

68. Que Faire En Cas de Discrimination? Justice.Fr Ministère de la justice. https://www.justice.fr/fiche/faire-cas-discrimination.

69. SEGERSTRALE, U. Defenders of the Truth : The Sociobiology Debate (Oxford University Press, 2000).

70. Alas Poor Darwin : Arguments Against Evolutionary Psychology (éd. ROSE, H. & ROSE, S.) (Vintage Digital, 2000).

71. SESARDIC, N. Making Sense of Heritability (Cambridge University Press, 2005).

72. FRANÇOIS, A. & MAGNI-BERTON, R. Que pensent les penseurs? : Les opinions des universitaires et scientifiques français (Presses Universitaires de Grenoble, 2015).

73. Van de WERFHORST, H. G. Are Universities Left-Wing Bastions ? The Political Orientation of Professors, Professionals, and Managers in Europe. The British Journal of Sociology 71, 47–73 (2020).

74. TYBUR, J. M., MILLER, G. F. & GANGESTAD, S.W. Testing the Controversy : An Empirical Examination of Adaptationists' Attitudes Toward Politics and Science. Human Nature (Hawthorne, N.Y.) 18, 313–328 (2007).

75. BUSS, D. & von HIPPEL,W. Psychological Barriers to Evolutionary Psychology : Ideological Bias and Coalitional Adaptations. Archives of Scientific Psychology (2018).

76. LYLE, H. F. & SMITH, E. A. How Conservative Are Evolutionary Anthropologists ? Human Nature 23, 306–322 (2012).

77. VAN DEN BERGHE, P. L. Sociobiology : Several Views. BioScience 31, 406 (1981).

78. DUARTE, J. L. et al. Political Diversity Will Improve Social Psychological Science 1. Behavioral and Brain Sciences 38 (2015/ed).

79. REINERO, D. A. et al. Is the Political Slant of Psychology Research Related to Scientific Replicability ? Perspectives on Psychological Science 15, 1310–1328 (2020).

80. LEVINS, R. & LEWONTIN, R. The Dialectical Biologist (Harvard University Press, 1985).

81. PAGE, E. B. Behavior and Heredity. American Psychologist 27, 660–661 (1972).

82. DELACAMPAGNE, C. & ADLER, L. Une histoire du racisme (Le Livre de Poche, 2000).

83. SCHAUB, J.-F. & SEBASTIANI, S. Race et histoire dans les sociétés occidentales (Albin Michel, 2021).

84. RAMUS, F. Ethique et génétique Ramus méninges. https:// ramus-meninges.fr/2020/12/11/ ethiqueet-genetique-2/.

85. DICKSON, D. Sociobiology Critics Claim Fears Come True. Nature 282, 348–348 (1979).

86. Alternatives Économiques. Evolution du vote FN aux principales élections, en % des inscrits. Alternatives Economiques. https://www. alternatives-economiques.fr/evolution- vote-fn-aux-principales-elections- inscrits-0110201662884.html.

87. CNCDH. Rapport 2021 Sur La Lutte Contre Le Racisme, l'antisémitisme et La Xénophobie ; CNCDH (2021).

88. BINET, A. & SIMON, T. New Methods for the Diagnosis of the Intellectual Level of Subnormals. L'année psychologique (1905).

89. WOOLDRIDGE, A. Bell Curve Liberals. The New Republic (1995).

90. SCHNEIDER, W. H. L'eugénisme en France : le tournant des années trente. Sciences Sociales et Santé 4, 81–114 (1986).

91. FREEDLAND, J. Eugenics : The Skeleton That Rattles Loudest in the Left's Closet. The Guardian. Opinion (2012).

92. TOOBY, J. & COSMIDES, L. The Psychological Foundations of Culture in The Adapted Mind (1992).

93. LEWONTIN, R. C. The Apportionment of Human Diversity in Evolutionary Biology : Volume 6 381–398 (Springer US, 1972).

94. MAYR, E. The Growth of Biological Thought : Diversity, Evolution, and Inheritance (Belknap Press : An Imprint of Harvard University Press, 1982).

95. BOWDEN, R. et al. Genomic Tools for Evolution and Conservation in the Chimpanzee : Pan Troglodytes Ellioti Is a Genetically Distinct Population. PLOS Genetics 8 (2012).

96. GOWATY, P. A. Evolutionary Biology and Feminism. Human Nature 3, 217–249 (1992).

97. SMUTS, B. The Evolutionary Origins of Patriarchy. Human Nature (Hawthorne, N.Y.) 6, 1–32 (1995).

98. Sex, Power, Conflict : Evolutionary and Feminist Perspectives (éd. BUSS, D. M. & MALAMUTH, N. M.) (Oxford University Press, 1996).

99. HRDY, S. B. The Woman That Never Evolved : With a New Preface and Bibliographical Updates, Revised Edition (Harvard University Press, 1999).

100. WILSON, E. A. Introduction : Somatic Compliance-Feminism, Biology and Science. Australian Feminist Studies 14, 7–18 (1999).

101. GROSZ, E. Darwin and Feminism : Preliminary Investigations for a Possible Alliance. Australian Feminist Studies 14, 31–45 (1999).

102. HARDEN, K. P. What Do We Do with the Science of Terrible Men? Aeon Essays. Aeon (2021).

103. VANDERMASSEN, G. Griet Vandermassen : "Les différences entre les hommes et les femmes existeront toujours". LExpress. fr. Actualité (2022).

104. WILSON, M. & DALY, M. The Man Who Mistook His Wife for a Chattel in The Adapted Mind : Evolutionary Psychology and the Generation of Culture 289–322 (Oxford University Press, 1992).

105. GOWATY, P. Feminism and Evolutionary Biology : Boundaries, Intersections and Frontiers (Springer, 1997).

106. HRDY, S. B. The Woman That Never Evolved (Harvard University Press, 1981).

107. CAMPBELL, A. Feminism and Evolutionary Psychology in Missing the Revolution : Darwinism for Social Scientists (2006).

108. BUSS, D. M. & SCHMITT, D. P. Evolutionary Psychology and Feminism. Sex Roles 64, 768 (2011).

109. KONNER, M. Women After All : Sex, Evolution, and the End of Male Supremacy (W. W. Norton & Company, 2016).

110. HRDY, S. Mother Nature : Maternal Instincts and How They Shape the Human Species (Ballantine Books, 1999).

111. FEHR, C. Feminist Engagement with Evolutionary Psychology. Hypatia 27, 50–72 (2012).

112. Nagel, T. Mortal Questions (Cambridge University Press, 1979).

113. Ramus, F. L'intelligence humaine, dans tous ses états. Cerveau et psycho (2012).

114. Ramus, F. Infos et intox sur l'intelligence Ramus Méninges. https://ramus-meninges.fr/2020/05/20/infos-et-intox-sur-lintelligence-2/.

115. Rietveld, C. A. et al. GWAS of 126,559 Individuals Identifies Genetic Variants Associated with Educational Attainment. Science (New York, N.Y.) 340, 1467–1471 (2013).

116. Cesarini, D. & Visscher, P. M. Genetics and Educational Attainment. Science of Learning 2, 1–7 (1 2017).

117. Lee, J. J. et al. Gene Discovery and Polygenic Prediction from a Genome-Wide Association Study of Educational Attainment in 1.1 Million Individuals. Nature Genetics 50, 1112–1121 (8 2018).

118. Allegrini, A. G. et al. Genomic Prediction of Cognitive Traits in Childhood and Adolescence. Molecular Psychiatry 24, 819–827 (2019).

119. Okbay, A. et al. Polygenic Prediction of Educational Attainment within and between Families from Genome-Wide Association Analyses in 3 Million Individuals. Nature Genetics 54, 437–449 (4 2022).

120. Ramus, F. Réussite scolaire : que faire face à la loterie génétique ? L'Express. Sciences et Santé (2023).

121. Hart, B. & Risley, T. R. Meaningful Differences in the Everyday Experience of Young American Children (Paul H. Brookes Publishing Co., 1995).

122. 122. Foundation, C. Too Small to Fail Clinton Foundation. https://www.clintonfoundation.org/programs/education-health-equity/too-small-fail/.

123. Providence Talks ; Bringing Parents, Children, and Educators Together to Build, Enhance and Learn. https://providencetalks.org/.

124. For evidence-based POLICY, C. Randomized Controlled Trials Commissioned by the Institute of Education Sciences Since 2002 : How Many Found Positive Versus Weak or No Effects 2013.

125. Lortie-Forgues, H. & Inglis, M. Rigorous Large-Scale Educational RCTs Are Often Uninformative : Should We Be Concerned? Educational Researcher 48, 158–166 (2019).

126. Rowe, D. C. A Place at the Policy Table ? Behavior Genetics and Estimates of Family Environmental Effects on IQ. Intelligence. Special Issue Intelligence and Social Policy 24, 133–158 (1997).

127. ESSGN. European Social Science Genetics Network Website https://essgn.org/.

128. Social Science Genetic Association Consortium (SSGAC). https://www.thessgac.org.

129. Bacon, F. Novum Organum (1620).

130. Turkheimer, E. Three Laws of Behavior Genetics and What They Mean. Current Directions in Psychological Science 9, 160–164 (2000).

131. Darwin, C. The Complete Work of Charles Darwin Online http://darwin-online.org.uk/converted/manuscripts/Darwin_C_R_CUL-DAR91.25-28.html.

132. BECKSTEAD, A. L. CanWe Change Sexual Orientation ? Archives of sexual behavior, 121–134 (2012).

133. Ouganda : une loi antihomosexualité drastique entre en vigueur. Le Monde.fr (2014).

134. RAMUS, F. Quand les bases biologiques de l'homosexualité viennent en renfort de la lutte contre l'homophobie Ramus méninges. https://ramus-meninges.fr/2015/06/11/quand-les-bases-biologiques-delhomosexualite-viennent-en-renfort-dela-lutte-contre-lhomophobie-2/.

135. LOVETT, I. After 37 Years of Trying to Change People's Sexual Orientation, Group Is to Disband. The New York Times. U.S. (2013).

136. BAILEY, J. M. et al. Sexual Orientation , Controversy, and Science. Psychological Science in the Public Interest (2016).

137. BALTHAZART, J. Sex Differences in Partner Preferences in Humans and Animals. Philosophical transactions of the Royal Society B. (2016).

138. ACADEMY OF SCIENCE OF SOUTH AFRICA. Diversity in Human Sexuality : Implications for Policy in Africa. Pretoria : Academy of Science of South Africa. (2015).

139. BOGAERT, A. F. & SKORSKA, M. N. A Short Review of Biological Research on the Development of Sexual Orientation. Hormones and Behavior 119, 104659 (2020).

140. VANDERLAAN, D. P., SKORSKA, M. N., PERAGINE, D. E.& COOME, L. A. Carving the Biodevelopment of Same-Sex Sexual Orientation at Its Joints. Archives of Sexual Behavior (2022).

141. GARRETSON, J. & SUHAY, E. Scientific Communication about Biological Influences on Homosexuality and the Politics of Gay Rights. Political Research Quarterly 69, 17–29 (2016).

142. HAIDER-MARKEL, D. P. & JOSLYN, M. R. Beliefs about the Origins of Homosexuality and Support for Gay Rights : An Empirical Test of Attribution Theory. The Public Opinion Quarterly 72, 291–310 (2008).

143. JOSLYN, M. R. & HAIDER-MARKEL, D. P. Genetic Attributions, Immutability, and Stereotypical Judgments : An Analysis of Homosexuality. Social Science Quarterly 97, 376–390 (2016).

144. KRONFELDNER, M. What's Left of Human Nature? : A Post-Essentialist, Pluralist, and Interactive Account of a Contested Concept (The MIT Press, 2018).

145. CHOMSKY, N. Reflections on Language (Pantheon Books, 1975).

146. MARX, K. Misère de la philosophie (1847).

147. MINOGUE, K. Totalitarianism : Have We Seen the Last of It ? The National Interest (1999).

148. WILLIAMS, B. Lenin (Routledge, 2014).

149. COURTOIS, S. et al. The Black Book of Communism : Crimes, Terror, Repression (éd. KRAMER, M.) trad. par MURPHY, J. (Harvard University Press, 1999).

150. FIGES, O. A People's Tragedy : The Russian Revolution : 1891–1924 (Penguin Books, 1998).

151. GLOVER, J. Humanity : A Moral History of the Twentieth Century (Yale University Press, 2001).

152. Darwin, C. To Asa Gray
22 May [1860] Letter. 1860.

153. Huxley, T. H. Evolution and Ethics,
and Other Essays (1894).

154. Kropotkine, P. L'entr'aide,
Un Facteur de l'évolution (1906).

155. Gautier, É.
Le Darwinisme Social (1880).

156. De Waal, F. Le bonobo, Dieu
et nous : A la recherche
de l'humanisme chez les primates
(Les Liens Qui Libèrent, 2013).

157. Barnes, B. & Dupré, J. Genomes
and What to Make of Them
(University of Chicago Press, 2008).

158. Molière, J.-B.
Le Misanthrope (1666).

159. Bordo, S. The Cartesian
Masculinization of Thought.
Signs 11, 439–456 (1986).

160. Pinker, S. Comment fonctionne
l'esprit (Odile Jacob, 2000).

161. (director Davis, P.) Hearts
and Minds (1974) 1974.

162. Nietzsche, F. Crépuscule
des idoles (1888).

163. Ramus, F. Connaissez-vous
Françoise Dolto ? Ramus méninges.
https://scilogs.fr/ramus-meninges/
psychanalyste-francoise-dolto/.

164. Krivine, J.-P. Autisme : de la mère
« réfrigérateur » aux enfants cobayes.
Science et pseudo-sciences (2021).

165. Su, R. & Rounds, J. All Stem Fields
Are Not Created Equal : People
and Things Interests Explain Gender
Disparities across STEM Fields.
Frontiers in Psychology 6 (2015).

166. Ross, M. B. et al. Women
Are Credited Less in Science
than Are Men. Nature, 1–2 (2022).

167. Johnson, S. K. & Kirk, J. F. Dual-
Anonymization Yields Promising
Results for Reducing Gender Bias :
A Naturalistic Field Experiment
of Applications for Hubble Space
Telescope Time. Publications of the
Astronomical Society of the Pacific
132, 034503 (2020).

168. Stoet, G. & Geary, D. C. The
Gender-Equality Paradox in Science,
Technology, Engineering, and
Mathematics Education. Psychological
Science 29, 581–593 (2018).

169. Stoet, G. & Geary, D. C.
Sex Differences in Adolescents'
Occupational Aspirations :
Variations across Time and Place.
PLOS ONE 17 (2022).

170. Breda, T., Jouini, E., Napp, C. &
Thebault, G. Gender Stereotypes
Can Explain the Gender-Equality
Paradox. Proceedings of the National
Academy of Sciences (2020).

171. Sommers, C. H. What 'Lean In'
Misunderstands About Gender
Differences The Atlantic. https://
www.theatlantic.com/sexes/
archive/2013/03/what-lean-
inmisunderstands-about-gender-
differences/274138/.

172. Mead, M. Sex and Temperament
in Three Primitive Societies
(Harper Perennial, 1935).

173. Nietzsche, F. Humain,
trop humain (1878).

174. Debove, S. Pourquoi notre
cerveau a inventé le bien et le mal
(Humensciences, 2021).

175. Degler, C. N. In Search of Human Nature : The Decline and Revival of Darwinism in American Social Thought (Oxford University Press, 1992).

176. Weber, M. Methodology of Social Sciences (TransactionPublishers, 1949).

177. Elliott, K. C. A Tapestry of Values : An Introduction to Values in Science (Oxford University Press, 2017).

178. Reiss, J. & Sprenger, J. Scientific Objectivity in The Stanford Encyclopedia of Philosophy (Stanford University, 2020).

179. Elliott, K. C. & Resnik, D. B. Science, Policy, and the Transparency of Values. Environmental Health Perspectives 122, 647–650 (2014).

180. Douglas, H. E. The Moral Responsibilities of Scientists (Tensions between Autonomy and Responsibility). American Philosophical Quarterly 40, 59–68 (2003).

181. Lacey, H. Is Science Value Free? : Values and Scientific Understanding (Routledge, 1999).

182. Queller, D. C. The Spaniels of St. Marx and the Panglossian Paradox : A Critique of a Rhetorical Programme. The Quarterly Review of Biology 70, 485–489 (1995).

183. Wang, Y. & Kosinski, M. Deep Neural Networks Are More Accurate than Humans at Detecting Sexual Orientation from Facial Images. Journal of Personality and Social Psychology 114, 246–257 (2018).

184. Kosinski, M. Facial Recognition Technology Can Expose Political Orientation from Naturalistic Facial Images. Scientific Reports 11, 100 (1 2021).

185. Lewontin, R. C. Transcript of Nova Program, WGBH Boston, #211. 1975.

186. Allen, E. et al. Against "Sociobiology". The New York Review (1975).

187. Borgia, G. The Scandals of San Marco. The Quarterly Review of Biology 69 (éd. Selzer, J.) 373–375 (1994).

188. Maynard-Smith, J. Genes, Memes, & Minds. New York Review of Books (1995).

189. Tooby, J. & Cosmides, L. Tooby and Cosmides' Response to Gould http://cogweb.ucla.edu/Debate/CEP_Gould.html.

190. Richerson, P. J. & Boyd, R. Not By Genes Alone : How Culture Transformed Human Evolution 2581, 25 (University of Chicago Press, 2006).

191. Dreger, A. Galileo's Middle Finger : Heretics, Activists, and One Scholar's Search for Justice (Penguin Books, 2015).

192. Jencks, C. Inequality : A Reassessment of the Effect of Family and Schooling in America xii, 399 (Basic Books, 1972).

193. Conférence « Génétique et Réussite Scolaire » Par Franck Ramus ; ENS-PSL avec la coll. de Ramus, F. 2023.

Note
Les citations extraites de références anglophones ont été traduites par l'auteur.

REMERCIEMENTS

Ce livre doit son existence en premier lieu à 742 personnes qui m'ont fait suffisamment confiance pour le précommander lors d'une campagne de financement participatif. Le nombre de soutiens dépassa de loin mes attentes, de nombreuses personnes choisissant même d'offrir altruistiquement un exemplaire « à la communauté » à travers une copie déposée dans une boîte à livres quelque part en France. Merci à vous pour votre confiance et votre patience par la suite, les délais de production ayant été largement sous-estimés pour cette première expérience d'autoédition. La liste complète de vos noms se trouve quelques lignes plus bas.

Ce livre est l'adaptation d'une vidéo initialement publiée sur ma chaîne YouTube Homo Fabulus (à laquelle je vous recommande de jeter un œil si vous ne la connaissez pas, en particulier si à la lecture de ce livre vous auriez parfois aimé que je parle plus du fond scientifique des sujets que de leurs conséquences politiques). Depuis plusieurs années, cette chaîne ne vit que grâce à une poignée de généreux donateurs jetant chaque mois quelques euros dans mon écuelle numérique. Je ne vous oublie pas.

Une première version de ce livre a bénéficié de la relecture attentive d'un petit groupe d'experts m'entourant depuis des années et s'assurant que je ne raconte pas trop de bêtises. Toutes ces personnes ont, une fois dans leur vie, fait l'erreur d'accepter de relire les scripts de mes vidéos, ne se doutant pas qu'ils approchent souvent les cent pages. Gros merci donc à Thibaut Giraud, Florian Cova, Fabien Mikol, Pierrick Bourrat, Grégoire Dignat, François Tharaud, Fabien Abraini, et plus encore à Facunda et Timothée Duran pour le soutien chronophage.

Une deuxième version de ce livre a bénéficié de l'œil expert de Guillaume Dezecache, Michel Raymond, Camille Williams, Richard Monvoisin, Pascal Boyer, Hugo Mercier, Judith Villez et Thibaut Giraud, améliorant de nouveau grandement non seulement le fond scientifique mais aussi la présentation des idées. Je vous remercie chaudement.

Merci également à tous les membres de l'équipe Évolution et Cognition Sociale de l'ENS-PSL pour les discussions ça et là et la porte toujours ouverte.

Merci à une équipe de brainstorming champêtre estival particulièrement créative pour trouver un titre à ce livre (elle se reconnaîtra).

Merci à Franck Ramus pour ses retours et d'avoir accepté d'écrire ma postface. Franck fait partie des rares chercheurs français osant s'exprimer sur ces sujets malgré le contexte politique peu évident et les retours de bâton réguliers que cela implique. Il est certain que ces désagréments seraient bien moins fréquents si plus de chercheurs avaient son courage et contribuaient à atteindre la masse critique que j'appelle de mes vœux à la fin de ce livre. Je vous invite donc à (re)découvrir et diffuser le travail de vulgarisation qu'il effectue depuis de nombreuses années (voir https://ramus-meninges.fr/ et les références en fin de livre).

Merci à mon designer éditorial et directeur artistique Nicolas Gavrilenko du studio Gavril&Co, à qui vous devez que ce livre soit un peu plus plaisant esthétiquement qu'un simple pdf issu d'une compilation LaTex. Imaginez le calvaire, lorsque c'est votre métier de produire de jolies choses, de collaborer avec quelqu'un ayant l'habitude de dédier 99 % de son temps de travail au fond et de ne consacrer que les dernières minutes à la forme. Merci à toi et désolé d'avoir rendu tes week-ends d'octobre 2023 plus studieux que tu ne l'aurais sûrement souhaité.

Merci à Cécile Debove, Florence Debove et plus particulièrement à Christine Rocquet pour les relectures, les conseils et le soutien, tout au long de l'année.

Merci enfin à toutes celles et ceux qui auront pris un peu de leur précieux temps de vie pour parcourir ce livre, en espérant que vous ne le considériez pas maintenant comme mal utilisé. Si ce n'est pas le cas et que vous souhaitez garder le contact, outre la chaîne YouTube déjà mentionnée et les traditionnels réseaux sociaux, ma newsletter est tout indiquée pour rester informé·e de mon actualité :

Newsletter :
https://homofabulus.com/newsletter/

YouTube :
https://youtube.com/homofabulus

Instagram :
https://instagram.com/stephanedebove

Facebook :
https://www.facebook.com/stephanedbv

Twitter / X :
https://twitter.com/stdebove

Mécènes de ce livre ♡

04plurals-lard, 0hmyd0gdu13, aaalibaba, abadie-kevin83, abel-francois-abel, acekat, acoma, actifwed, AdAstra77, adri-antonini, afourier, Agatha Macpie, agnes-hivet, aguergaray, aidan71, Aimé Verrier, akitatave, alain-miniussi, alex-vacelet, alexandrasiri, Alexandre Ouïnten, alexandre_brouet, alexandrosse, Alexis Garsmeur, Ambre, anael kremer, anaessens046, anatolerev, AnisaT, anismoudirr, anna-vetter, anthony-seitz, Antoine Roth, Antoine Waret, antoine-delaunay-secondaire, antoine-grosnit70, antoine-heranval, antoine-mousnier, anton-ruesi, antony08-1, aparyskivr, arguence-olivier, arhno, arkelstorp-ikea, Arnaud Wolff, arno_180, Arthur Morel, Arthur Tellier, arthur-fleurydugy, arthuramiel-1, arthurferre29, asjoly-1, Astrid Casadei, aurelie-negre, aurelien-gardon, aurthom, Aurélien Picolet, Aurélien Raynaud, avatar905, Axelle Playoust-Braure, azerloic, b-serranito, baby-jonathan, baguettetradition, Baptiste Toublanc, baptiste-115, baptiste-marsigli, baptiste-mary, baptiste_pichot, barellif, Barthélémy Maurau, Bastien Blain, battistaorsini, bedeau-mathis, Benjamin Barlatier, benjamin-briot, benjamin-scellier, benjamin-voisin, benjii44, Benoit Desvignes, benoit-beyeler, benoitleberre2014, berangere-audebert, Bernard Rodier, bernard-augere, bigard-benoit, biladi, bjack, bodotloic, boitard-0, Bostem Christophe, bourse-thibaut, brigoux, bru-contactpro, Brunacci Fabien, Bruno Darcet, brunom98, Camille Depin, Camille Gouget, Camille Sporen, Carlos Filipe Da Silva Costa, carrelthomas, carzur, Catherine Madzak, cecil0o, Cedric Girard, cedric-gegout, cetognan, champavier-contact, charlemandrier-kevin, Charles Marchand, Charles Vr, charlierenard, charlotte-sabathier, chayrigalex, chenaurelien, chloe-fo, christinerocquet, christofer-coppens, christophe-culan, Chuck Ramone, Cibrane, cjacquemyn, cjelmini-2qj245zt, clarisselc41, clement-court, clement-gakuba, clement-steichen, clement-vacca1, cloeliatissier, clotilde77, colin-naffrechoux, constantin-lionel, contact-1718, curling-yin-04, curt-sebastien, cyoun005511, Cyril Devalet, Cyrille Abraham, Cécile Cécile Chauviré, Cédric Verriez, dan-tran, Daniel Dupont, daniel-victor-samuel, danielvuignier, dany-varlet, daubert86, David Chabé, David Fréon, David Germain, David Glesser, David Perronno, david-bernfeld, davidlemieux, Dcalco, dcocsen, death-d78280, debievernet, Delirious New York, delphine-pasquon, deniel-jonathan, Denis Hoareau, dewinter-fr, Dilva Ragazzoli, dimitri-lacroix, dimontviloff, dj-achat, Docsam, docteurpoussin, dominanou-1, Dominique Gauthier, dorian-jullia, doriandeilhes26, douvier-1, Dr Baculum, draak, dumasdd, Ebbh (Evidence Based Bonne Humeur), Éditions Copie Gauche, edn, Egmorn, elcowboydiefuego, Éléonore Martin, elie-pichon, elliott-vettraino, Emeraude, emile-pascal116, Emmanuel Florac, Emmanuel Mauger, emmanuel-labesse, emmanuel-ruimy, emmanuellesavigny, epalle-cyrille, eravier, eric-lavachery, erickgaucherand, ericvulpi, Erik Jan, erwan-hamon, esteve-remi, Etienne Crombez, Etienne Jehanno, etienne-spillemaeker, etiennejuz, Étienne Vallette d'Osia, Eva Poissenot, Eveha, exacruss, f-groupes01, fabi1_100blat, Fabien Delhomme, Fabien Vinckier, fabien-furfaro, fabrice-783, fagoon, fizzmizer, flecerf2511, Florence Debove, Florent Petitjean, Florent Vaugelade, florentbonnel, florian-laronze, florian-piget, flormois, flyinggigot, fphilippe9, fran-darras, franckbuonomo, francois-alix, francois-dernoncourt, francois-werckmann, François Ganza, François Noël, fred-977, frederic-durand9, fredericfiteni, frenchhousekiller, fspot, ftal74-1, ftrouiller, Félix Bleton, g-le-roux20, Gabriel Spick, gael-nini, garance-bussiere, gardon-aurelien, gaultadrien38, Gaël Franquet, Gaël Magré, Gaëtan, geoffrey-robert, gfarrant, Ghislain Demael, Giacomo Ds, gilbert-solet, Gilles Tuffet, gilles-goumy, gilles-marteau, gladihs, glennus, global-afpa, goldevil, Goldy, gossypum, goument-bastien, grgdrc, grimskykorsakoff, grubykot64, Guilhem Walter, Guillaume Hocquet, Guillaume

Laplace, Guillaume Servant, guillaume-bouvard-94, guillaume-cellier, guillaume-sierro, guillaume-vanhaele, guillaumejerome-r, Gwen Rouvillois, H Dupré, h4kk4n, habibsteeve95, henri_sussin, hernan-alcala, hernani-baptista-hba, hertinek, Hervé Le Borgne, heyer-alison, hogier_52, homeostasis87, Hugo Lascouts, hugo-lefevre, hugocervantes118, hugodelamorte, Hugues Brunel, Hédi, Ilyas Hanine, ines-s, ins-mv, ismael-46, j-campart, j-oul, Jacques Marchal, jacques_300, jalfincecilia, janaeth, jchassaing01, jcrogor, Jean- Loic Metayer, Jean-Frédéric TIXIER, jean-huvelin, Jean-Philippe Llored, jean2ville, jeanloic-moat, jeanpaul-forest, jeanpierre-morant, jean_philippe_colin, jeremyast, jfsdexter, jibe002, jimmy-sene, jm-609, jmguiche, johanna-loyer, Johannes Léno, jonathan-bareille, jordan_ifergan, josselin-uhlrich, joy-eyrin, jtiste, ju-plass, jules-ivanic, juliannodellafiore, Julie Augustin, Julie Roux, Julien Eyzat, Julien Fecteau Robertson, Julien Richard, Julien T, Jérémy Berry, Jérémy Marc, Kehldarin, kevin-kpyan, KhaarNaj, khorn, Klod_Q, kraftix, kyliandemory, Kévin Sanchez, l-dupont, l-grard, laetitia-ricci, Lalie Fauwel, lanez-f, Larry Lachance, Laure Crenn, Laurence Perrin-Brun, Laurent Doué, Laurent Garnier, Laurent Vercueil, laurent-roussarie, Layal Doumard, lberteloot, Le Connard Tombé Du Ciel, le-tilleul, leberregilles, lecerfblanc, lemarsu, leo-millard, leo-pioge59, LeoCordon, leoduverney, leonxleon, Leuenberg, lherdly, Lian, Lilou771, lilsamus, lionl-d, liran-gil, Lisbeth Dpz, Loic Nicolas, loic-greset, loic-minaudier, Louis Antoine-M., louis-delmas, Louis-Philippe Jacobs, louisb-3, louise-boulydelesdain, louise-denis, Loïc SG, lrntprrt, Luc Delva, Luc Freyermuth, lucarom96, lucas-coffy, Ludovic Bessonies, Ludovic Soret, ludovicmiramand, LVvA, Léandre Et Anastasia Simioni Puppis, m-sinou, m-vcd, ma-canoen, machut, maelle-bujaud, magali-lavielle-guida, maginth, malle-noemie, malou, mamaja-41, manu6080, manuel-brazilier, marielaudeleaumunch, marley-lacoste, martin-bouillot-mb, martin-descamps-jt, marwan-johra, maryange080770, massimo-gambini,

matheo-sping314, mathiasmasclet, Mathieu Baldo, Mathieu Do Huu, mathieuzmudz, Matthias Lotta, Matthieu Schneiderwind, Matthieu Taunay, max-rocher, Maxime Ivanov, Maxime Lévêque, Maxime Raimi, Maxime Viala, Mel Laborde, MeryAdHoc, MesdamesDuc, mfred, Michaël Bourlard, michel-raymond, michelle-lelievre, mig_495, mikaelhouriez9, Milie, mintberrycrunch, mister-arkadin, mohaaosmani75, morand-25, morincamille3319, mouhammadeljabbari, mpilossof, Muriel Strahm, mylene-sonz, mymelody-mtk, nadiaboujad2, narada-maugin, Nathalie M, nathancadot108, Nelly Martin, neo2500, nicklaus, Nicolas Gavrilenko, nicolas-pelissier-38, nicolasgault1997, nicolasrecous, nina-enfedaque, Nino Saccomani, nixdorf, noe-simon, nouri_radhouane, noyjer, nulliusinverba, nunivek, Océane Felgines, olivier-avellan, olivier-jd, Only Sandra, onolulu, oppo2, Orabelle, orbis21, Orignal, orneon, orphe_de_vinci, oyoman21, paolo-bidault, paolo-pillonel, Pascal Bertossa, Pascal Noname, pascal-caumont, Patrick Magro, Patrick Villeneuve, patrick-cazaux, Paul Boosz, Paul Dauriac, Paul Ferney, Paul Munier, paul-stoens, pauline-yeah, payen-brice, pcdavid, pchaumont, pdujardin50, pedrocordo, peterbarrett18, pgilouppe, phd-rguttieres, Philippe Audelin, Philippe Lardaud, philippe-lepori, Philippe2023, pier-l-sutter, pierbab, Pierre, Pierre Bourdaud, Pierre Boureau, Pierre Godefroy, Pierre-André Patout, pierre-laf65, pierre-roubin, pierre617, pierredrege, pierrick-schafer, pierrickbourrat42, pigoud, piti-djo, pksecompliquerlavie, plouf, pmeledandri, pmr3226, polonbis, poshu-mokona, pvandh, qcuenot, Quentin Enjalric, Quentin Verdet, quentin-lafarge, quentindelepine, quentinduchemin-1, Raph Raphi Raphou, raphael-crep, raphael-drion, raphael-lapuyade, raphael-perrod, Raphaël Pourcelot, Raphaël Salique, ravy-leo, realie, redspoutnik, regis-henrion, remizovdelhorta, remy-guihard, remy49, remybizzari, Revoux Théo, rhodri, ricfitsport, Richard Lefranc, richardmonvoisin, RMD, rnahon0497,

robert-stringini, robin barry, robin-wil,
rodolph-huber, rodolphe-meyer-06,
Rodrigo Benenson, Roland Cash, Roland
Esnis, rolandvl, rom-deleglise, rom1_j-1,
Romain, Romain Delorme,
romainguimbal1, romiaou, Ror Ri,
roscalem, rreuter, Rémi Nollet, sabel-petit,
sami-machach, Samuel Ernst, samuel-
coquelle, Sandra Chaïban, schoormancc,
scirejeremie, sdefresne, sebastien-suignard,
sebastien-weiller, sebb_, segomil,
seraphin-godet, sergiofernandes-1,
sergiu-chitic, sharkos16, Shaïman Thürler,
shurto, Simon Bouget, Simon Delourme,
Simon Marcellin, simoncornaz, simonfabi,
Sizzolu, skarfon31, SoP, Sophie Gunther,
sophie_onda, soriyahim, soulholmarjorie,
spoupik, steph-gauthe, stephane-sabate8,
stephane_l, stephen-charissou-1, Steven
Rozand, Stéphane Hoegel, Stéphane Pena,
suchel-jambon, Suzanne Rabaud, Sylvain
Galindo, Sylvain Galoin, Sylvain Plessis,
sylvain-alazet, sylvain-capy, sylvain-estebe,
sylvie-clutier-1, Sébastien Chédor,
Sébastien Matz, Séverine Palomares,
t-lenorm, TAAG, Taits Uo, tatsouki,
th-lazarus, theophile-grappe, Thierry
Cazalet, Thierry DUPREZ, Thomas Durand,
Thomas Martzolf, Thomas Moisy,
thomas-guerandel1, thomas-jouetre,
tieum19692, tiffany-morisseau-1,
tiflomassif, timotheecance11, Timothée
Martinod, tithonique74, tlam, tms-
pourbaix, Tom Demulier-Chevret,
tombaumrt, tompouit, Tonton Kiki,
tristanlewden, Tryphon, tt-b, tyrion00, Téo
Ballut, ulysse-s, umff2010, Valentin
Brizion, valentin-roddier63, ValR, Valérie
Bunel, vanbru-l, vaudrozc, veronique-
delille, veronique-ruis, vfabianski, vicart,
victor-guilbert, vincent furstenberger,
vincent-2643, vincent-anticonstitutionnel,
vincent-bauchart, vincentdebove-
singapore, vincentmalejac, vini_aero,
virginie-coppi-1, vivoun-1, vlebourl,
wagenpi, wenceslas37, widesprint,
willemsr-work, wllm, x-com_fr, xabordat,
xav-cheung, xavier-derom, xavierschaeffer,
xorphalak, yan-longuet, yann-vincent,
Yannick Jacob, Yannick Mosset, yannik-
ladegaillerie, yanntual1, yann_pittet,
yeshwa, yG, ylanebaha, ymak99,
yoann-chassaigne, Yohann Cesa, yomry,
Yves KIMMERLE, yves-legault69,

Zakvier, _destrier_

Du même auteur

Pourquoi notre cerveau a inventé le bien et le mal
Humensciences, 2021
Grand prix 2022 du livre sur le cerveau

Colophon

Publié pour la première fois en 2024. Manuscrit rédigé sur LaTeX. Design éditorial réalisé sur Adobe InDesign. Couverture composée en *Neue Haas Grotesk Display Pro* conçu par Christian Schwartz, titrage en *Cormorant* conçu par Christian Thalmann, labeur en *Garamond Premier Pro* conçu par Robert Slimbach. Illustration réalisée avec MidJourney et Stochaster.

ISBN	978-2-9590242-0-7
Dépôt légal	janvier 2024
Titre	À qui profite (vraiment) la génétique ?
Auteur	Stéphane Debove
Design	Nicolas Gavrilenko
Imprimeur	Amazon